享受花草环绕的诗意住宅

日本主妇与生活社 —— 编著

周橙旻 —— 译

U0782140

中国青年出版社
CHINA YOUTH PRESS

中青组编

前言

即使家中空间狭小、昏暗无光或者略显陈旧，
只要有植物装点，就会让人感觉舒适、温馨。
绿植对于创造舒适的居家环境至关重要。
但对于会享受生活的人来说，只养绿植是还不够的。
运用手边的杂货来进行搭配和设计也充满乐趣。

可以用篮子装上吊兰，
瓶子里装上一支挂在墙上，
心爱的茶碗磕掉一块边，这也可以用来当花盆的装饰。
这些都不需要复杂的技巧。
养植物也不需要非常专业的手法。
对植物进行常规养护，然后与杂货搭配就有很好的效果。

这本书中介绍了很多居家装饰的创意。
这些看起来时尚漂亮的照片，其实都是大家能立刻模仿起来的。
以这本书为参考，任何人都能将手边的绿植打理得光彩照人。
做出好的创意作品可以自信地给家人炫耀，还可以拍照与朋友分享。
稍微下点功夫提升自己的摆放技巧，
就能变身花草高手，成为室内设计师。
将娇艳欲滴的绿植基于设计感来装点房间，
你的家一定会变得温馨而美丽。

那么就请大家翻开后面的内容，
看看哪一款创意正等着你来运用吧！

自然生活家：享受花草环绕的诗意住宅

目　录

向初学者推荐
玻璃罩子

蜡烛和绿植
搭配起来很棒！

很普通的杂货也能
变成漂亮的装饰

p.10 鸟类主题

p.8, 36 蜡烛

p.12 水龙头

鲜花、绿植和小饰品的搭配

在我们的生活空间中，如果充满绿植，就可以缓解每天繁忙后的疲劳，舒缓积累的压力。这是善于运用绿植装点室内的朋友们都亲身体验到的。如果能用一些杂货搭配绿植，其治愈效果还能再上一个台阶。这些都不需要复杂的技巧。只要稍微运用一下本书中介绍的杂货就可以让我们的房间既有绿色的点缀又充满温馨的感觉。

p.14 照明灯具

p.16 篮子

p.18, 22, 26 玻璃制品

Chapter

1

p.20 陶器

p.24 铁器

温馨居家装饰创意

p.32 装饰物

p.30 医疗柜、碗柜

p.38 斗鱼・青鳉鱼

p.40 ASTIER de VILLATTE

蜡烛 × 绿植

白天主题

不管房间内是否有照明，
只要放上蜡烛就能体现出优雅的感觉。
在反射照明比较多的欧洲，
蜡烛是日常必备品。
这里运用简洁的造型，
来介绍绿植和蜡烛相搭配的创意。

在第 36-37 页将介绍和室内照
明一起的夜间蜡烛搭配示例。

漂花

彩色蜡烛

花的余韵保存到最后

在插长蜡烛用的烛座里放上水，作为水盘使用。将花朵剪短放入，并且经常洒水，可以让花朵支撑很长时间，是非常推荐的一种做法。

作为亮色运用

彩色蜡烛的颜色很丰富，可以选取一种颜色作为装饰的亮点。最好是手边的小摆件中没有的颜色，这样效果比较好。

多种创意

蜡烛的创意多种多样，品类丰富！

1 在朴素的木质托板上放置天然蜜蜡的蜡烛，用果实和枝叶来装饰搭配。2 用银色的小摆件与黑色的蜡烛搭配，营造沉稳的感觉。加上羊齿科绿植，显得更有时尚感。3 插花中搭配一根长蜡烛，可以体现出华美和喜庆的气氛。用托架增加高度，会很有正式的感觉。

LED 灯

即便家里有幼儿，也可以安心摆放的 LED 灯

无论是桌子还是家具，都可以直接摆放在上面，这是LED 灯的优势。1 用蕾丝完善的一角。想要体现出优雅感，果然还是需要蜡烛造型。2 虽然是很简单的装饰，但用蕾丝和蝴蝶结能体现出味道。这是不用明火的 LED 才能实现的创意。

蜡烛的故事

在欧美地区，绿植和蜡烛是居家最常见的物件。摇曳的烛火和不高的温度会营造放松的气氛，作为可以营造休闲环境的小道具，现代也有很多家庭会使用它。蜡烛在生活中运用广泛，如生日蛋糕上要用到蜡烛，情侣间享受的烛光晚餐，婚礼上的蜡烛服务等。即使是白天，我们也不能少了蜡烛来体现幸福和祝福。

用鸟笼及小鸟模型等营造幸福空间

鸟类主题 × 绿植

1 模拟小鸟喂食器的挂件，搭配垂下的气生植物。这类植物的特点是即便很茂盛也显得很轻盈。2 藤类植物搭配放着鸟蛋的鸟巢，利用此类人造物可以营造自然的氛围。

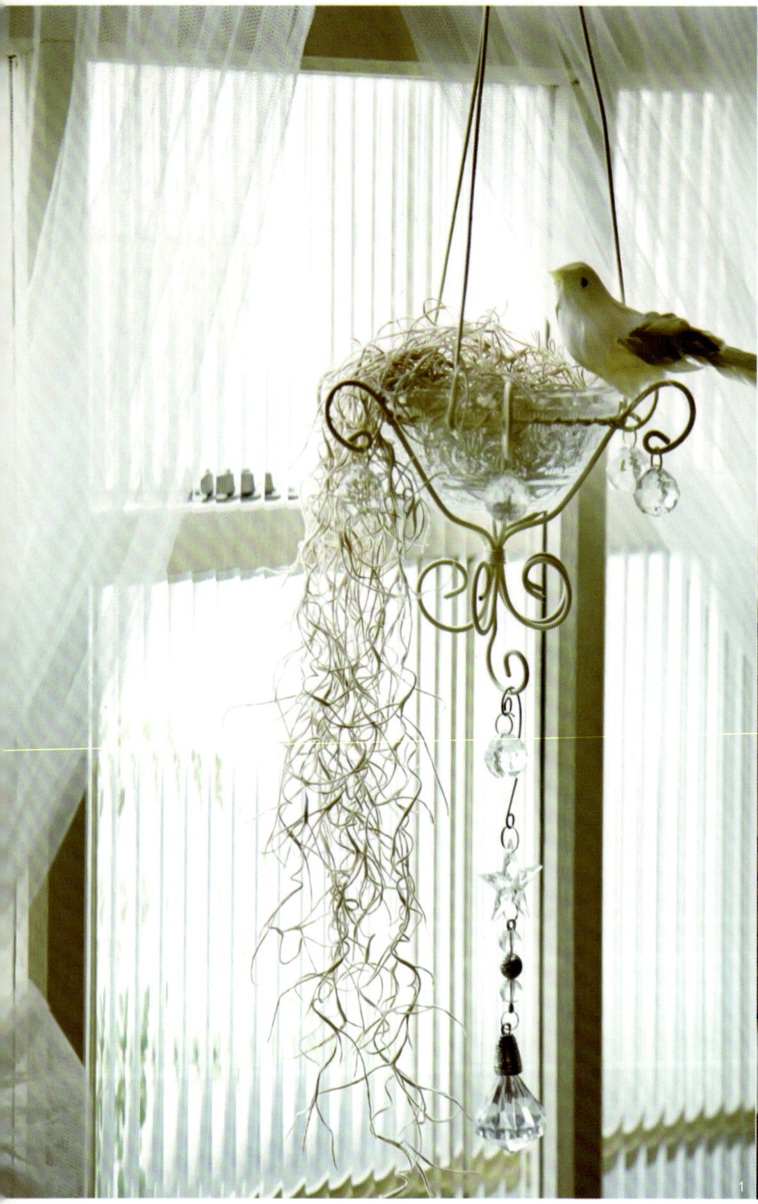

1

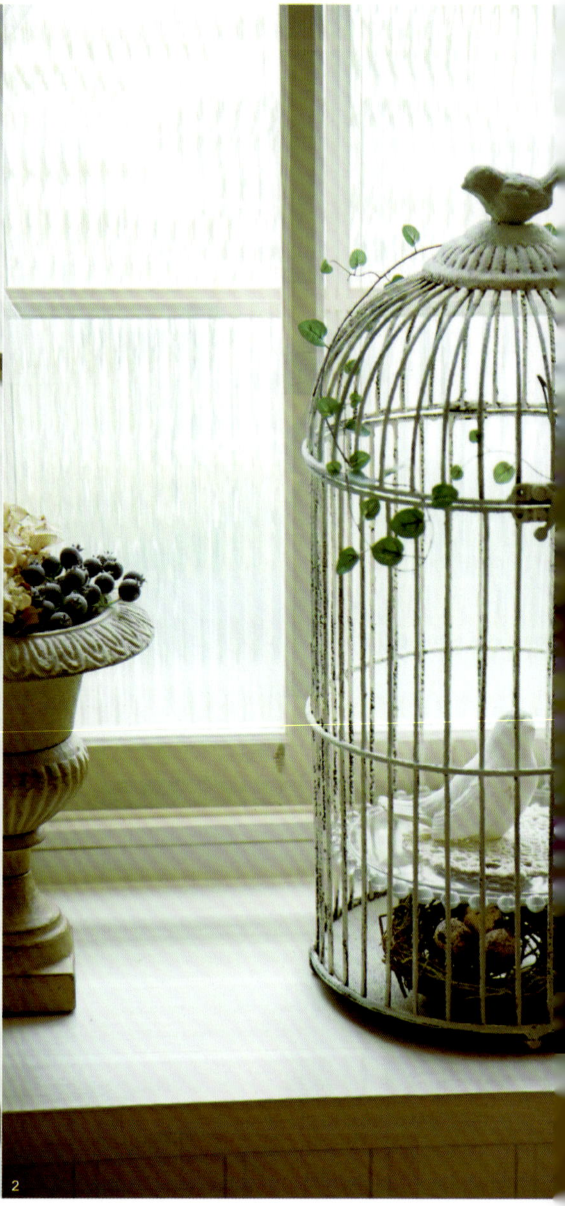

2

从前，如果家里有小鸟做窝，
或很多鸟都到家里的庭院里来，会被认为是吉兆。
以此为依据，
我们可以将鸟类主题饰物放到室内装饰中来。
鸟笼、小鸟喂食器还有小鸟造型的物件等，
与植物搭配起来，感觉就像是身在森林中的一隅。

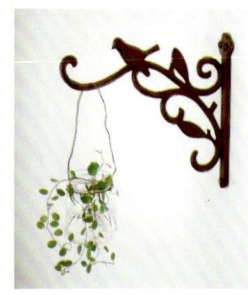

在壁挂的支架上有一只小鸟。这是非常适合吊兰类植物的物件。

鸟笼

鸟的形态要注意控制，不要太抢眼

以鸟笼为舞台，让绿色成为亮点

1 比较简单的方式就是在鸟笼里放入绿植。因为透气性好，放入小盆栽就显得不错。2 如果鸟笼是圆顶，可以在上面套上花环来进行装饰。也可以用藤蔓缠绕，或者放入蜡烛形成灯笼的造型，装饰方法非常自由。

小鸟喂食器

以小鸟喂食或饮水的器具为造型

1 和干花的感觉比较搭配的是做旧风格的复古类小物件，可以营造怀旧的氛围。2 将装饰物吊起来像一幅画一样，适用于门前小花园。这让普通的盆栽变得很不一样！3 挂在外墙上可以让房屋外装也变得漂亮起来。搭配方面以下垂的吊兰类植物为佳。

微型景观

以森林中的小鸟为主题体现自然的感觉

1 这是小鸟造型的鸡蛋架。凹槽里不放鸡蛋，放上盛水的玻璃器皿，里面插上新鲜的花草，然后摆在桌子上，可以营造出精致感。2 想在室内用吊兰类植物做装饰，这样的设计比较引人注目。安放在有直射阳光的窗边效果会比较好。3 小鸟造型的玻璃罐子，好处在于不用担心灰尘。

直接将水龙头造型固定在墙壁上的大胆创意。找到与家具高度相匹配的高度就能营造出氛围。1 蜡烛在水龙头的搭配下显得很有新鲜感。2 将隔板挖洞并放上一个碗就比较有洗手台的感觉了。

以水龙头为主题的装饰非常能体现玩乐之心

水龙头 × 绿植

这些年水龙头在杂货行业可谓风靡一时。
充满复古气质，同时又具备设计感的水龙头，
细高的把手体现出高度，
很容易布置出有画面感的空间一角，所以很受欢迎。
搭配放植物的器皿十分合适，只用水龙头来做装饰
也很有个性。

在壁挂盒的上面装饰水龙头就很有花园取水口的感觉。再加一个小鸟夹子就更有感觉了。

绿植

洗手盆

最开始还是用于营造复古感

水龙头的主题据说最开始是为了营造复古的洗手盆效果。在斗柜的上面放一个大盆，这样就很有感觉。

水龙头

缠绕藤蔓

在加工成复古感的水龙头上缠绕一些绿植，感觉就好像很久之前水龙头已经在那里了，这是很有意思的布置。

壁挂式的装饰方式也很普遍，可以先在墙上挂一个挂篮，如果是室内，还可以放其他的小物件。

如果是支架类的结构，可以放上种植器皿，形成有高低变化的一角。这是在玄关周边非常推荐的设计。

以饮水器为主题的植物培养器皿

在植物培养器皿上装饰上水龙头，可以丰富设计。1 用放花盆的桶直接装饰水龙头就很好看，这里是双桶摆放。2 在花盆的中央立一个水龙头，然后集中一大簇绿植。3 有一定高度的洗手盆，很适合搭配藤蔓植物。

水龙头的故事

以水龙头设计作为小摆件的部件都非常受欢迎。除了搭配绿植，也可在 DIY 的过程中当做挂钩等，实际用途非常多样化。还可以用于饮料罐，如果是很大的玻璃罐子装上水龙头，就可以摆放在餐桌或庭院等室外空间，装上饮料实用又好看。仅是水龙头独特的造型就能让人感觉到玩乐之心，并且很有怀旧感。大家可以先尝试用水龙头与绿植相搭配。

照明灯具 × 绿植

装饰吊灯或者复古设计的灯具搭配人造花感觉如何？

很简单的搭配却充满自然的氛围。

豪华的吊灯更增添了华美感！

照明灯具一般位置比较高，

所以不太适合随时需要更换的新鲜植物，用人造花草搭配更好些。

1

2

只是给吊灯挂上一个花环！1 以大朵的花为主角，形成吸引目光的亮点。2 像花冠一样自然的花环非常适合造型简洁的吊灯。

根据灯罩的大小和形状，利用一些长的藤蔓类植物编成圆形，就形成了花环的基础结构，做起来也很容易。之后选择自己喜欢的植物，用铁丝固定在藤蔓圈上就行了。

花环

用铁丝固定形态

照明用的轨道挂上装饰干花的绳索，和吊灯一起垂下，非常好看。

漏斗

漏斗

将漏斗重新进行装饰。看起来很像灯罩的漏斗，中间穿条线，拴上花束吊起来，成了一件创意作品。

花冠

铁质灯具上放上花冠很优雅

比较平的灯罩适合搭配饱满、有体量感的花环。处理过的干花用热熔胶棒就能很轻松地固定。

台灯

对市面上的台灯进行装饰

用热熔胶棒等黏着剂将花朵固定在灯罩上，普通的台灯也能焕然一新！灯绳可用流苏吊穗装饰。

漂浮的花环

漂浮的花冠营造复古风格

复古的装饰吊灯与大团的紫阳花非常搭配。再额外吊起花环搭配就显得很大气！

花饰

尝试拿掉灯罩

拿掉灯罩后的吊灯，在支架和电线上缠绕花朵就很有艺术感。如果花茎带铁丝就更方便自由造型。

光影

注意墙壁上阴影的效果

灯泡周围装饰性其实在光照下会形成阴影。因此开灯的时候打出的阴影如果很漂亮也能提升装饰效果。

花环

在照明器具的电线上缠绕

吊灯拉出很长的电线，好像在召唤藤蔓植物，可以使用人造的藤蔓来营造动感。

漂浮的花环

吊起的花环搭配蜡烛

将花环水平吊起来，也是很受欢迎的装饰方法。再加上 LED 蜡烛可令空间更具梦幻效果。

先满满地放上绿植，然后再插上一些玫瑰。以这样的手法配置人造植物，就可以获得很漂亮的花篮装饰。

🌱 在花盆套里放入绿植的装饰是室内绿植的常用装饰手法

篮子 × 绿植

篮子里放上绿植这样的搭配，
也许在初学者看来有点不可思议。
但其实篮子装满大丛的绿植，或换成花盆套来装，
都是以前就很常用手法。
因为挪动也很方便，白天搬出去晒晒太阳，
绿植也会把花篮当做自己舒适的家！

篮子里装上花，
放在高脚凳上也
很有感觉。虽然
很小巧，但也能
成为漂亮的一角。

高脚凳上

室内也有可爱的花田！

放入大量绿植形成焦点！

1 紫阳花和篮子的搭配很适合营造怀旧的氛围。用人造的植物或干花当然可以，也可以在篮子里放入盛水的器皿来养活一些新鲜的植物。2 在很大的篮子里插满干花，感觉进入了西方世界的故事书里。

绿植 × 花篮

行李箱形状的篮子，将外层贴上绿毡，会显现出野花开放的感觉，这是一个有新鲜感的创意。还可以增加微缩景观效果，也就是类似小人国的效果，小孩子们也会很喜欢。

植物养殖器皿

篮子里面铺上花园里用的塑料薄膜也可以种植物。适合种植香草类植物这样小巧的绿植。

植物养殖器皿的套子

窗边是不错的绿植装饰摆放地

铁丝篮子里放上花盆。在光照充足的窗边，植物展现出动人的姿态，配合窗外的绿色，可以让眼睛获得休息。

死角

藤编的手提包是墙壁装饰的好材料。自然的感觉适合搭配干花。

吊篮

在很少会有物品更新的地方或者室内的死角处，适合搭配即使褪色也能保持外形的紫阳花。

玻璃瓶可以很好地衬托花朵及绿植。搭配技巧是不要放太满。

玻璃瓶 ✕ 绿植

阳光充足的窗边正是适合摆放玻璃器皿的地方。玻璃杯里插上一根枝条就很漂亮。

玻璃器皿里随意插上花草，
就可以形成绘画般的自然氛围。
可以说和室内绿植有无法分离的匹配关系。
这里讲解的是非常基础的部分，
也就是玻璃瓶的运用。
简单的搭配就可以
将玻璃瓶的透明感表现得很有品位。

银制品

毫不起眼的小花瓶，装饰效果却很好。在蕾丝的衬布上放几个就能体现出格调。

铜制品

黄铜或锡制品与玻璃制品组合，可以让玻璃更显宁静的品位。插上花后甚至会让人觉得是野生花草，非常漂亮。

托盘

迷你尺寸的瓶子集中在一起！

使用放调料的空瓶就可以，是很容易实现的一种装饰创意。每个瓶子里插上一支花，然后集中放在一个托盘中，没用的小物件也能变得这么漂亮！可以使用形状不同的瓶子增加一些变化。

彩色玻璃瓶

配色的乐趣

用彩色玻璃瓶表现乡愁的味道也很不错。同时也成为了装饰的亮点色，可根据瓶子的颜色调节所插绿植的颜色，只插一根也很有画面感，选瓶子的时候可以选择一些带有设计感的。

死角

迷你尺寸的小玻璃器皿稍微加些绿植就变得很有味道，这也是绿植的魅力。这里运用的三叶草就是其中一种。

1 在置物架或者书架的间隙里放上迷你尺寸的小玻璃瓶就能营造华美的氛围。**2** 小玻璃瓶里放上一点点绿叶或者果实。这样不经意的处理却能取得很好的效果。

迷你小瓶

大玻璃瓶

可以把整个树枝插在水里做成造型

只要能够充分吸收水分，完整的树枝也能撑很长时间。树枝越长就越要注意保持水量充足。

玻璃瓶的故事

过去，盛放食品和药品的容器材料并不丰富，而玻璃就是比较贵重的材料。一般来说被阳光直射会发生变化的东西，或需要通过颜色来分辨其中药材的时候，都会用茶色、深蓝色、深绿色的玻璃瓶子来装。现在的玻璃瓶样式和颜色都更加丰富，但过去那种既厚又有体量感的彩色玻璃瓶也独具魅力。因为价格并不昂贵，推荐大家可以去寻找这种复古的玻璃瓶来搭配。

表面上简单的文字或淡雅的花纹能体现质朴的味道

陶器 × 绿植

打造田园复古风格必不可少的物件就是带有简单花纹的陶器。
仅仅是并排摆放在一起就很有画面感，所以一直很受大家欢迎。
作为花器使用会更有魅力。
现在市面上销售的陶器中，具有优雅的花纹比较受欢迎，能带来欧洲风格的感觉。

这样美丽的花纹也只有陶制花瓶才有了。带底座的更显优雅，即使插上野花也显得很美。

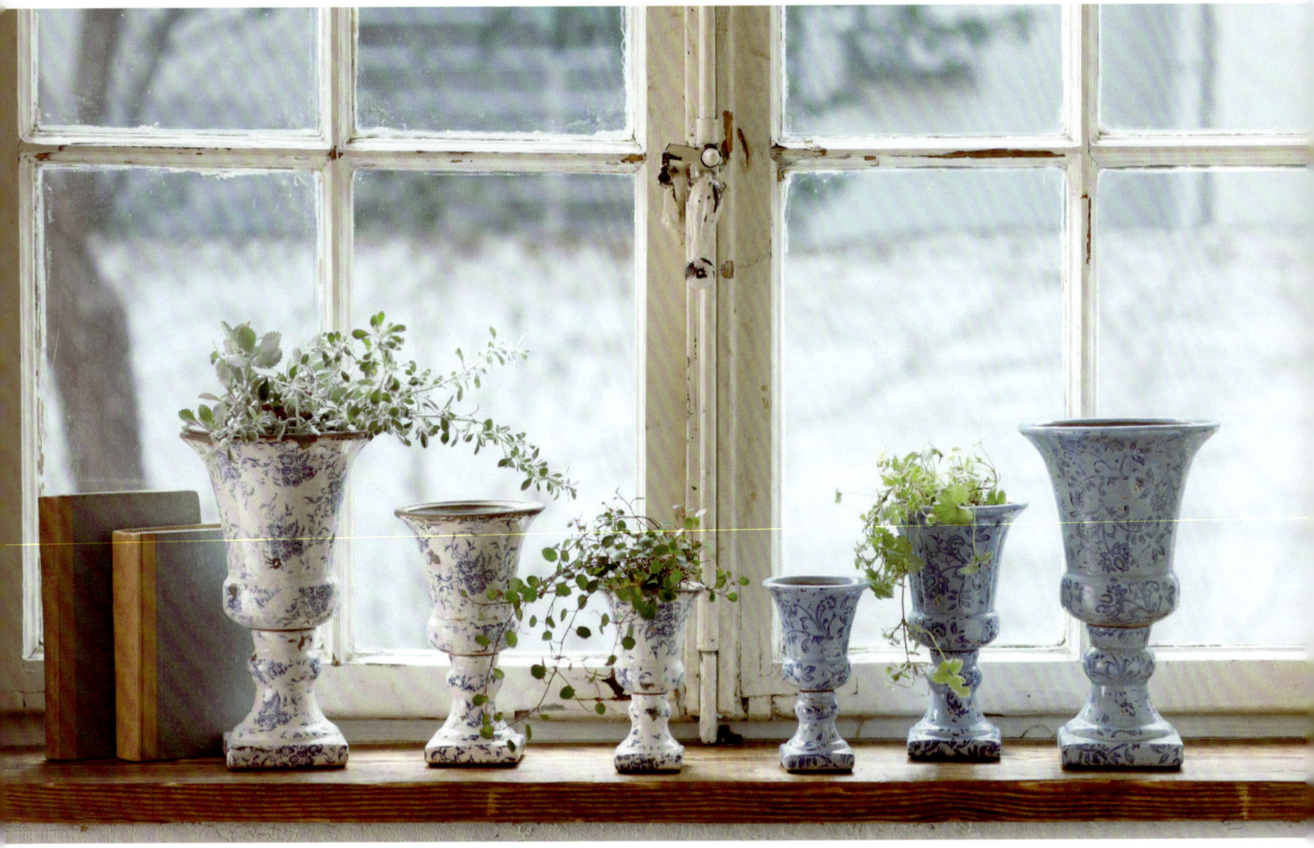

餐盘

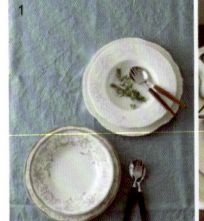

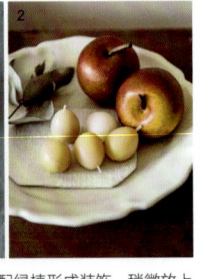

1 古典风格的餐盘可以搭配绿植形成装饰。稍微放上一点叶子就很有感觉。2 在水果旁再搭配一些绿色，就有刚采摘下来的新鲜感。

灵活运用古典美的陶制器皿

装浆糊或者油灰的罐子圆敦敦的质感配上朴素的花纹，也是很受欢迎的物件。与修剪短些的枝条搭配起来就很合适。

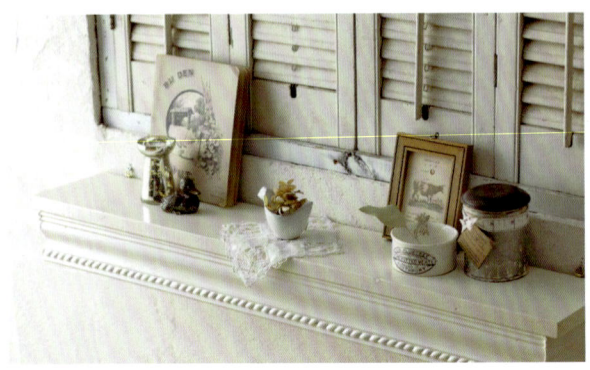

炻器的故事

英国的陶瓶或陶罐即使不是古董爱好者也会有所耳闻。在过去，这些陶器用完了会埋到土里处理掉，所以很多得以留存到现在。根据制作的年代，商标设计会有变化，即使是相同厂商的制品也有很多人会去收藏。由于当时印刷技术还不成熟，有时候还能找到印错位的稀有货，这也是古董收藏的乐趣之所在。

欧蕾咖啡杯搭配一些花草效果很好。搭配多肉植物也不错，可以根据创意来搭配。

不挑场合，可以衬托绿植及花朵

芥末罐

芥末罐尺寸很迷你，你可以同时摆放多个，进行各种造型和设计。虽然小但很有存在感。

夜壶

有一定尺寸的罐子可以当做花盆套来用。样式简洁的适合放入开花很多的三色堇。

水桶

在陶制的水桶造型里种植藤类植物。这样可以让室内绿植有室外的感觉。

角落

想让花草显出自然的感觉，使用带有文字的瓶子是一个不错的办法。

和玻璃瓶一样受欢迎的玻璃容器，特别是玻璃罩不可或缺。

玻璃罐子 × 绿植

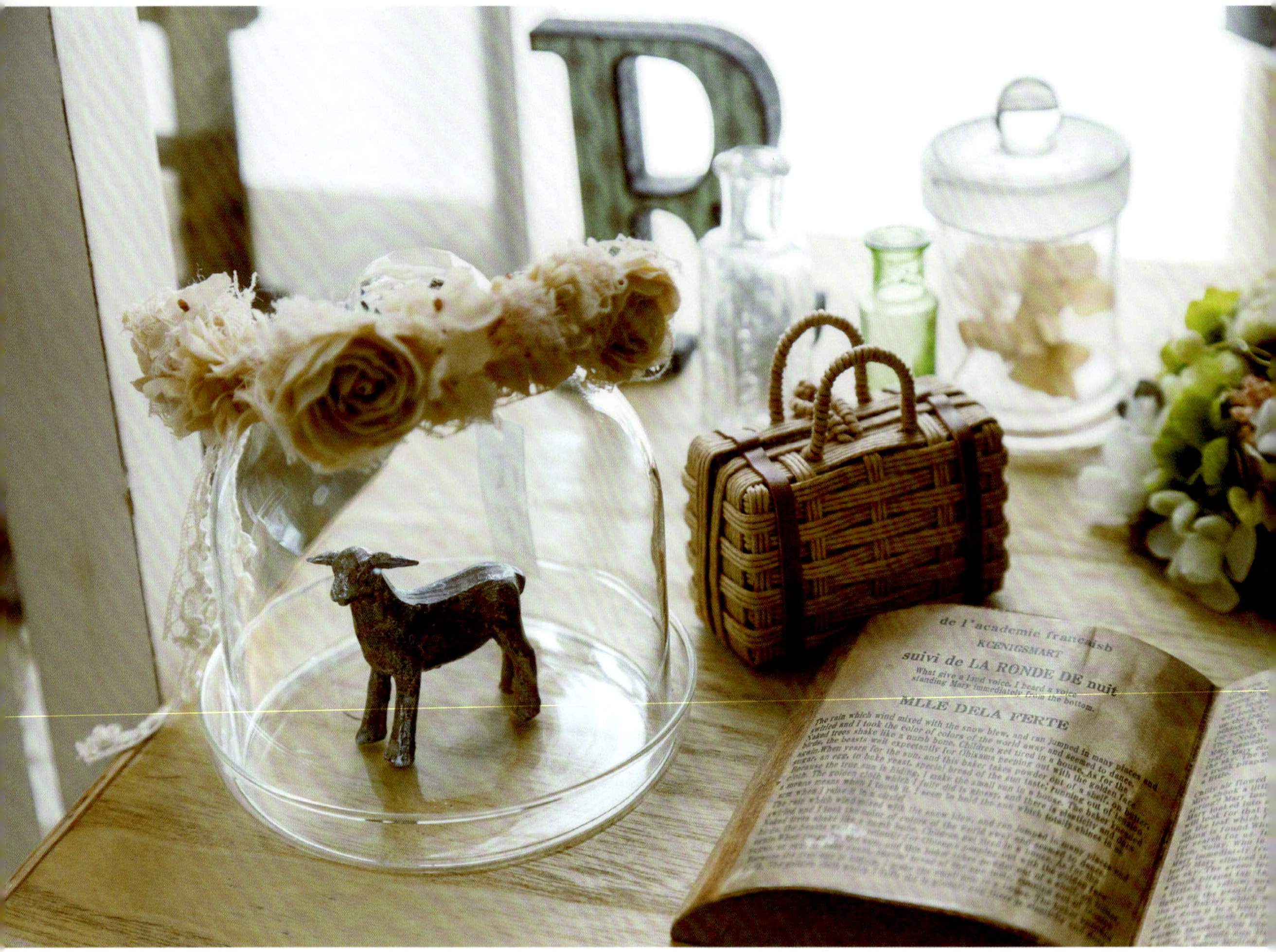

玻璃罩一般用于罩住烤制的蛋糕等食物，也可以用于展示汽车模型等。上面放一个花环就变得可爱了。

闪闪发亮的玻璃容器里，
放上绿植或花朵，
就好像被施加魔法般，顿时光彩照人。
大的玻璃罐子或小的糖果罐，
放上婚礼纪念品。
将美丽的瞬间封存起来吧。

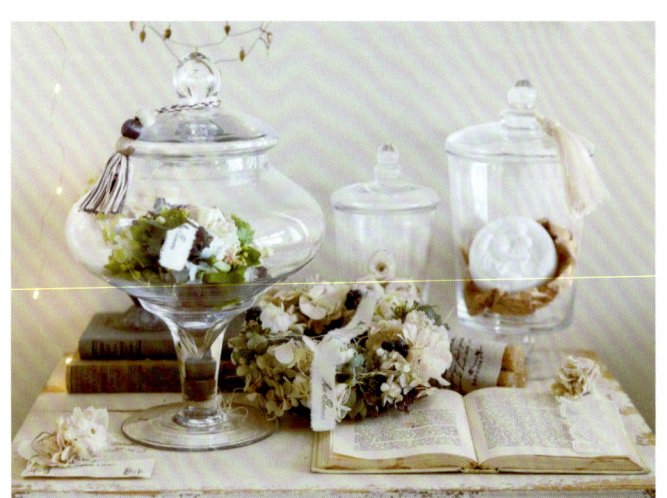

如果带底座还能体现空间感

带底座的古典玻璃罐和流苏非常搭配。多放几个也不会显得杂乱，这是玻璃制品特有的魅力。

商店风格的一角

罐

好像国外的糕点店一样摆放着玻璃罐子，里面放上干花会更有感觉。

糖果罐

带凹凸棱角更显优雅

带凹凸棱角的玻璃器皿在光线下显得很美。里面装上香料用在招待朋友的时候再好不过了。

玻璃罩

罩子里的精致世界

1 罩子里绕一圈人造植物，再放上卡片。这样就形成了立体的画框。2 很小的罩子里放一朵花。作为花器能体现出别样的韵味是玻璃罩的魅力。

首饰盒

像首饰一样布置和装点

玻璃的首饰盒也可以用于室内装饰。里面放入一朵胸花，可进行花朵的搭配。

玻璃容器

小物件的装饰

小饲养瓶

玻璃里面的迷你温室，里面放上小盆栽，摆在窗边。这样就很简单地构造了一个室内绿植装饰的一角。

婚礼纪念品的故事

最近在装饰品商店和古董店可以看到做得很高的玻璃罩。这是干什么用的大家知道吗？实际上这是欧洲为了放婚礼纪念品而设计制作的展示品。将象征幸福的美丽小物件永久封存在里面，感觉很不错的吧！

🌱 价格便宜，越用越有质感，废物利用的乐趣就在于此。

马口铁·铁制品·钢制品 × 绿植

庭院和阳台等会受到风雨影响的地方，推荐使用铁制品装饰。

马口铁、铸铁、钢等材料的制品，

一旦生锈就带出了复古的感觉，而且经久耐用。

一直放在室外的铁制品生锈后拿到房间里做装饰也很不错。可以利用生锈的铁制品做出不同风格的装饰。

边缘打了小洞的铁盆子，可以钉在墙上，也可以用绳子挂起来，这里将几个小盆摆放在了一起。

篮子型的铁器非常适合吊起来用，金属的颜色正好衬托丰满的绿色。

漂亮的绿植用王冠装饰

王冠形状的花盆托非常受欢迎，即便是造型简单的花盆也会显得很特别。它也适合搭配蜡烛等其他物件。

手边的空罐子也可以再利用

类似红茶罐或者食品罐头的罐子也非常适合搭配绿植。手边要是有空罐子，可以拿来试试看。

1！2！3！　　　　　　　　　　灯笼

小物件三个一组摆放比较容易获得平衡

即便色彩鲜艳也不会显得孩子气，这是马口铁制品的独特魅力。带点锈迹体现出颓废的感觉。

以特别的造型为亮点

做吊饰的话，以灯笼为造型的花盆托是很有画面感的。推荐作为玄关的装饰。

红色　　　　　HOVIS（霍维斯）

1 鲜艳的红色和绿植也很搭配！作为房间亮点的吊饰可以在颜色上做些尝试。2 HOVIS（霍维斯）的模具可用来做花盆套。可以种植一些香草类植物在厨房里，淡淡的香气非常宜人。

1　　　　　　　　　2

贝壳蛋糕

寻找好看的大尺寸铁桶

大尺寸的铁桶或者马口铁的罐子，都可以当做花盆套用。已经长得很高的植物可以被这样放在室内。

很复古的贝壳蛋糕模子，可以成为迷你绿植的培养器皿，这非常受欢迎。斑驳的质感很有趣味。

多肉植物

多肉植物和马口铁容器是常用的搭配。选取造型简洁的，重新打造一番也充满乐趣！

铁桶

除了瓶子和容器，玻璃制品还有很多其他的造型
为它们选择一个闪闪发光的舞台吧。

玻璃制品 × 绿植

先可以尝试将小尺寸的玻璃制品摆放在一起。这样就已经很好看了。再在此基础上搭配一些绿植，就能在室内形成美丽的一角。

用不同材质组合，变换出优雅气质

将剪下来的花朵漂在水上，展示着最后的美丽。1 和 2 古典的器具展现出有味道的气氛。

这里展示了试管、蛋糕托等，
以及造型并不常见的玻璃制品。
虽然样式独特，但和植物的匹配度很高。
如罐装沙拉常用的梅森罐等。
多收集些形态各异的玻璃制品，
就可以让绿植装饰更加丰富多彩。

想要强调一下花朵的存在可以选择试管

玻璃管

1 角度可随意调节的人气设计。可以组成圆形，非常方便。2 香草类植物的造型非常优雅。

Ball 罐

Ball 的浮雕商标成了亮点

1 将罐子倒过来用是个新鲜的创意！搭配在盘子里种植的多肉植物，有些颓废感。2 如果是双层盖的罐子，内盖可以拿掉插上花。这是储物瓶特有的使用方法。

梅森罐的故事

梅森罐是一种带双层构造螺旋盖的密闭玻璃容器。它是美国的一个叫梅森的铁匠发明的，所以叫做梅森罐。利用这一设计，各大公司都推出了这种产品，其中比较有名的是 Ball 公司的。最为人所知的是沙拉罐，用于保存食物非常方便。用来保存酱类的时候，先煮沸消毒一下更放心。由于有厚厚的玻璃与气密性很好的盖子，直到现在也是很实用的产品。

蛋糕托

蛋糕托是看起来很特别的玻璃器皿

1 精致的切面上仅放上干花就很漂亮。2 很小的玻璃容器也可以摆放在蛋糕托上，尽显奢华感。

壁炉 × 绿植

翻开欧美的书籍，一般总有壁炉登场。
除了可以给室内取暖，
壁炉还可以用来展示小物件。
但东方国家室内真的装个壁炉也不太现实，
推荐大家尝试一下壁炉风格的装饰框，
屋子里会立即增添优雅的感觉，
也方便搭配绿植增加画面感。

如果不知道壁炉框的下方
装饰一些什么好，可以尝
试插一些绿植。即便插得
很满也不会显得沉重。

一角

很有商店橱窗感觉的室内装饰风格

有一定高度可体现出节奏感

1 可以将壁炉框作为室内绿植一角的基座。绿植和古典风格的壁炉架搭配，感觉与众不同。2 可以将各种不同的花盆根据高矮错落摆放，是壁炉架的特征所在。这样就构成了感觉很清爽又很有味道的室内一角。

镜子

一个很常见的壁炉框搭配物就是大镜子。二者在视觉搭配上是笔直的感觉，可以配以干花或者人造绿植。1 可以适当加入蜡烛。2 下方放置绿植培植器皿。

下垂

1 优雅的设计中搭配一些垂下的藤蔓类植物就更有画面感。2 充分利用台面上下的空间，如果感觉缺点什么，就可以大胆加入绿植。

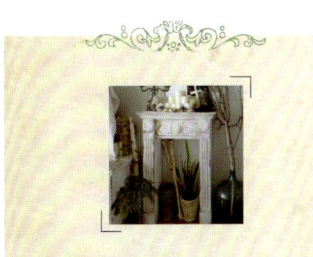

壁炉框的故事

带有石膏线和漂亮浮雕的壁炉框原本是罩住壁炉的一种家具。两侧立柱的底角形状特征明显。现在，壁炉框作为装饰家具有各种尺寸，即使有高度和宽度，深度却都做得比较薄，以减弱压迫感，在狭小的室内空间也能方便地进行利用。运用壁炉框，即使其他装饰小物件很少也能构建漂亮的一角，是非常有效果的装饰家具。

静与动的对比

在以白色为主基调的环境中，加入一盆绿植就有了生气，也增添了自然的气息。

大型家具上放满绿植构成自然的空间

医疗柜·碗柜 × 绿植

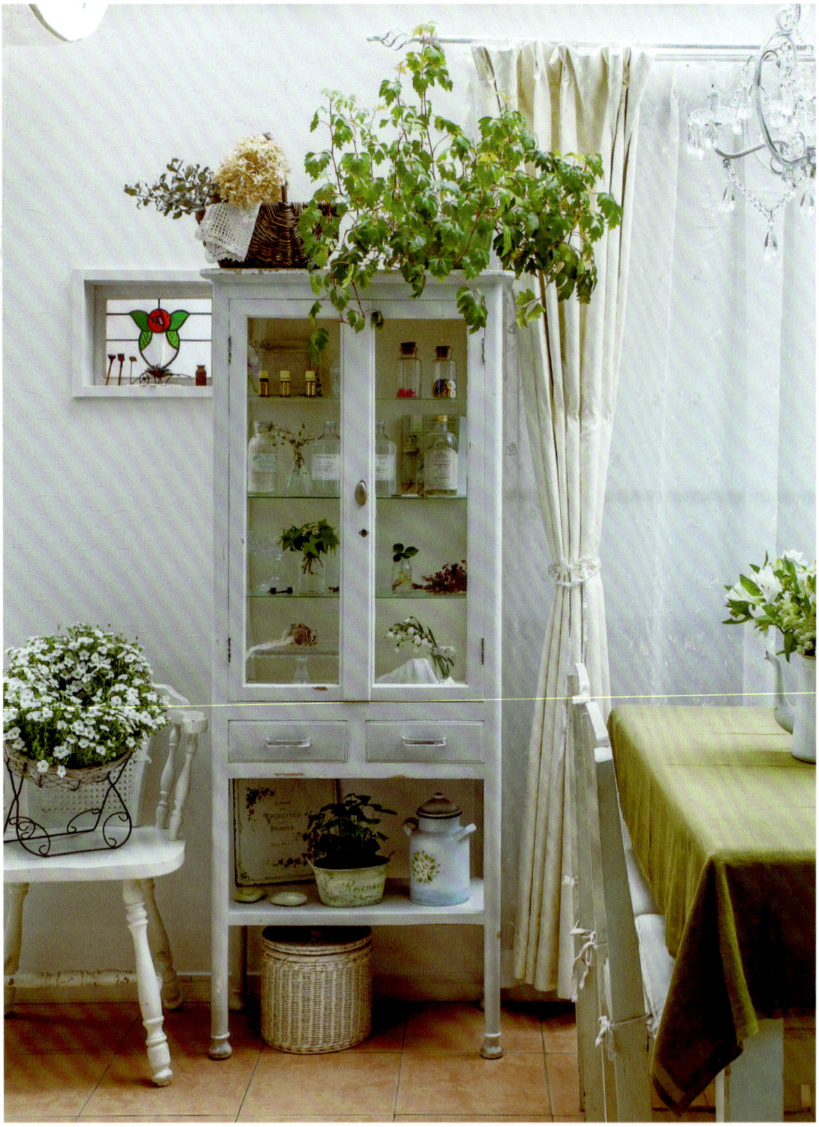

看起来很清爽的白色医疗柜，用茂盛的绿叶植物来装饰，可以让绿色更加引人注目。

之前介绍的装饰小物件都可以
集中装饰在这款家具中。
在食器、小物件等的旁边搭配绿植
就构建了自然的空间，
顶上还可以放满干花，
营造出山庄风格的布置。
这里介绍的家具就是
医疗柜和托盘，
不仅收纳能力很强，
作为摆放绿植的舞台也不容错过！

医疗柜的故事

白色的涂装配玻璃门的设计，医疗柜正如其名，是医院等医疗机构放置药品和医疗器具的家具。带锁的门和彰显清洁感的白色涂装都是医疗感的设计。侧面是玻璃的，这考虑到了易视性的设计。这种医疗柜的功能性在现代已经消失了，在室内设计中还能如此活跃，一个是因为其作为家具的实用性，还有就是它可以衬托出小物件的美丽。将自己喜欢的小物件和医疗柜搭配，装饰效果特别好。

装药的医疗柜
是非常好的装饰舞台

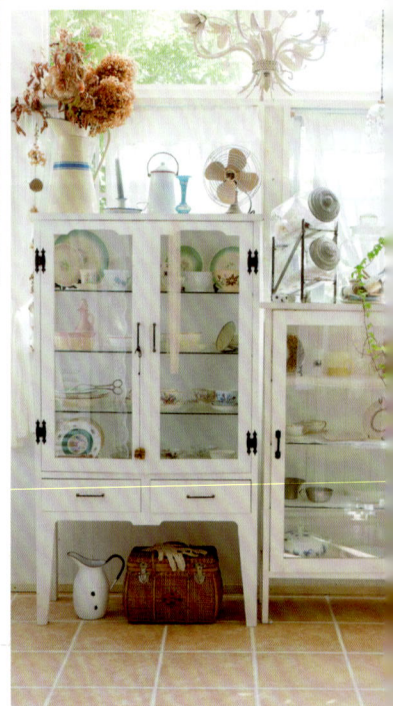

玻璃的面积很大，和其他家具组合也不会显得杂乱。作为点缀的亮点，还是绿植最合适。

花田小憩研究社

▶ 汇聚全球**10位**花艺名师，**包年**不限次观看 ◀

教授／Professor	2017-2018年部分内容/ Course Details			
Damien Koh 高炎发 （新加坡）	花束的螺旋技法圆形、单面 花束基础技法 交叉、平行	架构花束的基础技巧：装饰和实用的表现方式	古典花艺 千朵花 不对称三角形的应用	古典花艺 多层次圆形 瀑布形
Brigitte Heinrichs 布吉特 （德国）	现代花艺技巧 蒲棒的设计运用	现代花艺技巧 三叉木的运用	现代花艺技巧 低比例的花艺设计技巧	现代花艺技巧 木棍捆绑的架构技巧和运用
Mark Van Eijk 马克 （荷兰）	巨型花束的制作方式	组合式的餐台设计- 水果	架构餐台造型的设计	荷兰式的大盆花 （酒店、软装）
Elly Lin 林惠理 （中国-台湾）	圣诞节 花环的设计与制作	圣诞节 玄关的作品设计	婚礼宴会 餐台花的设计	现代主义 餐台花的设计
Takumi Nakaya 中家匠海 （日本）	现代花艺设计技巧 造纸术的运用 球形设计	现代花艺设计技巧 造纸术的运用 架构花束	现代花艺设计技巧 纸在设计中的运用 架构花束	现代花艺设计技巧 蜡的设计运用 禅学风格
Cue Cao 曹雪 （中国-北京）	基础入门 花材识别 花泥的使用固定 常用工具物料的使用	商业化设计师 （初、中、高） 基础商业作品制作	当一名店长 VI视觉 运营管理 进销存	宴会设计师 基础造型制作 方案与执行 全案执行制作

如何观看：
用付款的手机号登陆花田小憩App即可

花田
小憩
研究社

PLANT

作为房间的主角不留余地地装饰起来

1 因为是有高度的家具，适合藤蔓类植物做下垂的装饰，这样平衡性比较好。2 大团的紫阳花干花搭配复古的蓝灰色形成亮点，非常合适。

下垂的干花

展示食器又能收纳的
碗柜
柜顶上做装饰是高手的技巧

绿植配色的好搭档

放在顶上

象牙色碗柜和绿植的双色搭配构成了个性的一角。
所用植物尽量选择鲜亮的绿色。

斑驳的褪色形成渐变非常漂亮！

碗柜的故事

一般来说碗柜是装各种食器的，造型也各式各样。上边和下边都有带门的柜子，具备很强的收纳能力。上面的柜子为了展示食器，会有食器立放的沟槽，或者挂杯子的五金件。为了方便作业，中间会有很大的整理台，功能性也不错。作为收纳兼装饰用的家具还是不错的。在客厅可以作为装饰的主角来用。

1 如果碗柜比较薄，就可以放满干花形成亮点。把握好与柜门面积的平衡。2 门里就是大容量的收纳空间。3 如果觉得缺点什么，就用书纸和壁挂时钟做背景。这些都是很好用的物件。

碗柜装饰

装饰物 × 绿植

如之前介绍的，植物和各种装饰物品的匹配度都很高。
根据不同的创意可以体现出多样的风情。
大家现在手边有类似这样的小物件吗？
挑战一下与绿植的搭配吧。

固定搭配

与绿植的搭配效果可圈可点！
推荐大家使用其中一种。

木箱

可以营造迷你花园
也可用来搬运物件！

木箱有不同大小的尺寸，与绿植搭配的装饰方式也有多种多样。小木箱可以整合小型的多肉植物等。装蔬菜或红酒的大木箱可以当做花架使用。

画框

绿植缠绕在画框上，
形成亮点，
营造出优雅的感觉。

画框可以挂在墙上或者立在台面上，根据摆放方式效果有很大不同。与人造绿植或者干花搭配可以形成立体装饰，手法简单效果好。废弃的画框或者相框都可以用。

乐谱、老旧的纸张或卡片都可以当做辅助品进行装饰，可以当做背景使用，手法简单，但装饰品位能立刻提升。比单放一个装饰品效果要好很多，是装饰搭配的好帮手。

洗手盆

传统的搪瓷盆
可以当花盆，也可以当花器

一般搪瓷盆可以当做放花盆的容器，夏天比较热的时候还可以盛满水当做水盆用。带盆架的搪瓷盆放在房间里可以放一些漂浮的绿植做装饰。

金属的质感与绿植的自然感能相互衬托，是推荐尝试的搭配。铝制品或者马口铁制品能体现出颓废的休闲感。黄铜或银制品则很有古典的感觉。

铝制品或者黄铜的酷感
与绿植意外地协调　银器

独创的装饰物

人偶

玻璃的储物瓶里种上绿植，再搭配一个小小的人偶。这样的小装饰非常能吸引人的目光，是很有个性的创意。

类似这样的小物件也能成为搭配绿植的好装饰。
室内装饰高手给大家带来创意惊喜，不容错过。

小推车

带翻斗的推车会让人联想到花园，很适合用来搭配绿植。

筛子

将筛子当做一个圆形的框架来使用，里面放上干花会很漂亮。中间挂着的小玻璃瓶也是亮点。

时钟

气生植物和人造花进行这样的搭配感觉不错吧？给壁挂的时钟加些这样飘逸的装饰，墙壁的感觉就大不相同了。

书本

打开的书本会让人联想到自己读的故事，很有浪漫的感觉。搭配干花会有时间静止的氛围。

灯罩

将奶白色的玻璃灯罩倒过来，变成了漂亮的托盘。玻璃制品因为有透明的质地，当做花器放上花朵非常漂亮。

一斗罐

利用一斗罐的大尺寸，可以将其当做大型观叶植物的花盆套来用。还可以自己重新涂装一下，以符合室内环境的氛围。

在麻布的购物袋里放上干花，挂在墙壁上就很有自然的气息。搭配挂钩板使用，挂起来更加方便。

购物袋

老秤

茶杯

放在碗柜里落灰的茶杯和杯托，也可以拿出来这样利用。放在餐桌上看起来特别可爱。

已经不能用的老秤，上面放上绿植就很配。如果担心承重过量，可以换用干花。

汤勺

汤勺也是不错的壁挂用道具。一些比较好养活的小型多肉植物，可以直接种在里面，丰富绿植装饰的手法。

将装饰品放到水箱里就有迷你花园的感觉了，让人看着很有新鲜感。也可以搭配有气生的植物，探寻新的表现手法。

水箱

薰香架

插香用的架子，上面摆一排核桃壳。里面可以放上种子或者一些小的多肉植物，形成一个迷你的展示台。

蜡烛 × 绿植

夜晚主题

之前在第十页也介绍了蜡烛和绿植的搭配方法。

夜晚点燃蜡烛，又是别样的风情。

干花和蜡烛的组合

有法式的优雅感觉，一定要尝试一下。

为避免火灾，也可以使用 LED 光源代替。

将蜡烛放在凳子上，并且点燃作为间接照明。如果有客人来，放在玄关处，这便是很漂亮的迎客灯光。

Diptyque 的熏香很有治愈的效果。根据季节进行相应的绿植装饰。

亮点

即使是最简单的一根蜡烛，稍微加点装饰就很有味道。可以根据不同的情景搭配出不同的主题。

碗

水盘中除了漂浮的蜡烛，还可搭配一些迷你玫瑰。飘动的火焰很有梦幻效果。

小鸟喂食器

如果是吊挂的装饰，小圆蜡烛形状的 LED 灯会非常好用。也可以集中多摆放几个。

将小型光源分散布置体现浪漫的情调

使用各式各样的蜡烛，让室内环境体现出跟白天完全不同的风情。书架里面也有 LED 的蜡烛灯闪闪发光。

秋季和冬季

体现温暖的感觉

1 核桃质朴可爱的感觉在烛光的照耀下很有诗意。2 不仅可以使用花草，而且带果实的枝丫和蜡烛也非常匹配。这种装饰非常适合新年的气氛。3 一种很简单的手法就是将松果摆放在蜡烛旁边。蜡烛选择那种和松果差不多大的小圆蜡烛，一起放在蛋糕模具上，就形成了很有季节感的装饰。

斗鱼·青鳉鱼 × 绿植

最近在室内装饰中，水草的人气极具上升。
用玻璃罐等水罐进行水栽培的同时，
再养一些鱼的玩法越来越流行。
水灵灵的水草周围，小鱼优雅地游弋，
在家里观赏这样的景象就好像置身自然一般。
这里讲解一下如何能让小鱼健康地生活。

斗鱼

动作舒缓、优雅的斗鱼有红、蓝、白、大理石色等很多种颜色，由于生性好斗，基本是单条喂养。

青鳉鱼

非常耐寒，喜欢没有水流的地方。青鳉鱼的颜色现在也是多种多样。成对饲养可以产卵繁殖。

1 比较浅的容器适合青鳉鱼。室内只要放置在有照明的地方就可以。如果是有阳光直射的地方，能够保持水温，还有益于绿藻的生长。2 从上方观察青鳉鱼也很好玩。水面的面积越大鱼儿的氧气的摄取量就越充足。

水里种植水草，并放上绑好绿藻的沉木，上面还可以借水培植爱玉子和初雪蔓。在营造的水景中，游动的斗鱼摆动着大大的鳍，显得愈发可爱。

传授技巧的是

X女士

她是名为"水作"的公司负责人。专门经营观赏鱼相关的水族箱、过滤器及其他用具，专注于搭配水草的景观水族箱。最喜欢鱼和猫。

Q 养鱼都要注意些什么？

A 到店里买鱼的时候，要选鱼鳍全部打开，游动活泼，身上没有伤的。回家放置的场所也要注意不能太冷或者太热。有直射阳光的窗边和比较阴冷的玄关都不适合放鱼。还有就是如果水草枯萎会影响水质，一定要及时取出。

Q 小鱼生存最低限度需要什么？

A 首先就是需要一个容器，什么样的都可以，水越多鱼越舒服。从边缘向下4厘米左右到底部，有600毫升以上的水就可以。这样的水量可以养1只斗鱼或2-3只青鳉鱼。没有石子和水草也可以，有的话更利于水质的稳定。

Q 从专业的角度来看，还推荐增加一些什么设备？

A 是休息用叶片，与有休息习性的斗鱼搭配的，B的水缸石是沸石烧出来的，所以附着有用的菌类。C的吸管可以吸出水里的脏东西和鱼类。

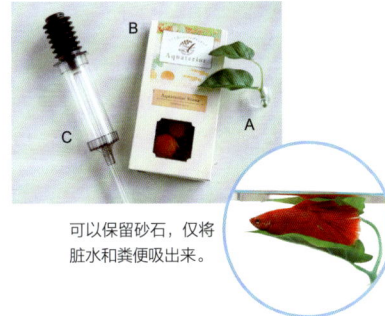

可以保留砂石，仅将脏水和粪便吸出来。

Q 换水时需要注意什么？

A 水一般是一周或者十天左右换一次，换掉三分之一的量就可以。换水的时候注意不要惊扰到鱼，用吸水器等吸出来就行。还有就是不要用市场上卖的天然水或者电解水。自来水要在室内放置1天再用，以去除水中漂白剂成分。

Q 还有什么有用的工具？

A 如果容器里长很多藻类，水质就会恶化，对鱼的健康不太好。如图上A的专门擦青苔的工具，眼睛看不见的微小藻类也能清除干净。换水的时候，如果只想将容器底部的脏水洗出来，还可以使用图上B的吸管。石子缝隙里的脏东西也能吸出来。

可以保留砂石，仅将脏水和粪便吸出来。

Q 养什么鱼比较合适？

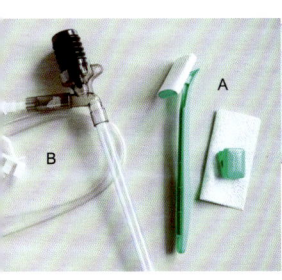

A 如果是用比较小的容器养小鱼，可选外观比较漂亮的斗鱼。因为斗鱼会到水面上呼吸空气，所以没有净化装置的瓶子或者玻璃缸都可以养。青鳉鱼和红尾鱼也很小，能在不多的水中健康生活。金鱼容易弄脏水质，需要专门的过滤装置。

推荐的用具

水景缸

斗鱼用水景缸

能够立刻尝试的鱼加绿植的室内装饰，推荐水作公司的水景缸系列。包含水缸、造景石以及放在上面的植物培养器皿，种植物用的沙子陶瓷砂，还有去水垢的药剂和鱼食，全部包含的套装。有了它只要再买自己喜欢的观赏鱼和水生植物的苗就可以了。水缸是圆筒型，和四方形的不同尺寸共4种。网上就可以买到，大型宠物店也有卖。

Q 室内绿植搭配小鱼养殖的优势和乐趣在哪里？

A 水里有鱼的话，鱼的粪便和食物残渣会被微生物分解成磷和氮，这都是植物很好的养分。植物吸收这些养分可以净化水质，这样小鱼也更加舒适。即便是小容器，能让鱼和植物形成生态圈，也可以减少换水的麻烦。

Astier de Villatte × 绿植

古董一样的设计风格，

蕾丝般的古典美学。

这就是 Astier de Villatte 的风格。

这个品牌是法国的年轻艺术家创立的，虽然是新生代，

但此品牌白色系列的室内装饰品搭配绿植，也成为了行业内很受欢迎的组合方式。

带底座的高角果盘，薄薄的边缘很有装饰感。剪得很
短的玫瑰和百日草进行适当搭配，摆放的丰满一些，
少许穿插黄杨，这样就形成了不错的桌面装饰。

Astier de Villatte 的故事

带着复古情怀的 Astier de Villatte，实际上是 1996 年才创业的新
生代品牌。由法国有名的艺术世家中两位男性开发。店铺就在卢浮
宫旁边，以"每天都是特别的"为宣传语，成为巴黎首屈一指的陶
器品牌，并且风靡全世界。制造方法沿用传统，每个产品都是纯手工，
虽然价格昂贵，照片中的高脚水果盘超过 1800 元，但制品都针对家
庭使用做了很多考量。

Chapter

2

专家传授室内
绿植创意

这里我们来介绍 4 个人布置的家居环境。他们都是
本着让孩子接触自然，展现自己的身心，让居家生
活充满治愈气息这样的理念，在居家环境中积极地
使用了绿植搭配，即便不同特殊的技巧，也可以像
她们这样将生活环境布置得如同绿洲般美好。

"如果自己状态不好，无心打理，植物们就会干枯。如果积极培育，植物们则会绽放出生命的光辉。植物可以说是生活的一面镜子。室内绿植能够反映出自己的生活状态。"

买回花苗种植到庭院里之前，可以先装饰在室内。**1** 篮子里铺上耐水性比较好的蜡纸，一个黑色花盆装到一个篮子里。**2** 角落里放的白色凳子也成了装饰的舞台。

G 女士从学生时代开始就很喜欢植物，18 岁生日时想要的礼物是绿萝。结婚后将各种小摆件作为道具，进行各种室内装饰。并在装饰中将绿植作为必备品。

"绿植最大的魅力就是单纯欣赏它的姿态，内心就能获得治愈。根据日常护理的情况，绿植也会显现出或水润或枯萎的样子，反映出主人的心情变化。"春天，用带着青柠色的叶子和嫩芽的植物装点，秋冬则是干花或果实成为主角，通过绿植体现季节感，

窗边放上爬梯和咖啡桌，
搭配喜欢阳光的植物。阳
光打在绿植上非常漂亮。

也是 G 女士的乐趣之所在。如
果是用底部不能开洞的装饰物
来种植物，就要用药剂来防止
植物根部腐烂，对待植物要多
方面注意。

"在卫生间清洗叶子上的灰尘，
看着叶子重新焕发生机，好像
自己的心灵也得到了洗涤。"

1 味道很香，每天看着它成长就很有治愈感的
风信子是早春时节必备的绿植。2 带底座的植
物培养器皿背后立着铁架子，形成怀旧风格的
一角。背景上稍微下点功夫就能让绿植的装饰
效果倍增。3 配合复古风格的碗柜，选用白色
植物或干花来搭配。4 从画框中伸出来的小叶
薄荷让人倍感怜爱。5 褪色的旧纸搭配气生植
物很合适。气生植物不需要土壤和容器，很方
便就能进行装饰。6 胡萝卜的叶子和爱玉子放
在架子上，轻盈的枝叶给墙壁增加了动感。

住在楼房里，季节感变得很薄弱。为了让孩子们也能体会四季的变化，室内装饰不能缺少绿植。这里希望大家关注的是多肉植物、仙人掌和水草。

🟢 **技巧** 玻璃容器里养殖水草搭配动物造型杂物构成迷你的水下花园

用2-3种水草再加上动物造型杂物，构成了 L 女士的装饰风格。光透过容器很有神秘感，非常地漂亮。

1 白色的陶器配上玫瑰形状的多肉植物很合适。2 重新装饰成复古风格的玻璃瓶，插上桉树枝。3 玻璃罐里放上干花和果实。仅是这样做就很有巴黎工房的感觉。4 空中的玻璃迷你花园，里面放着气生植物。气生植物一般都比较轻，作为装饰的用途很广泛。5 为了方便将仙人掌挪到窗边，放在铁网制的框里。黄色的仙人掌叫做牡丹玉。6 鸟笼子里铺上青苔，上面摆上白熊的造型。7 类似实验用具的带脚的植物培养器皿，用蝴蝶结装饰显得非常可爱。8 香草和火烈鸟的组合营造出水边的氛围。

牛头杯是中野加奈子的作品。带支架的植物培养器皿是 Monoe 的作品。容器的选择也是绿色生活的乐趣之一。

L 女士专注于室内绿植已经有 8 年了。因为一直住在楼房里，家里没什么季节感，为了让孩子感受到季节的变化，开始关注室内绿植。"我从小是在海边长大，生活环境比较自然。虽然孩子没办法和自己一样，但还是想尽量让孩子的生活能够更贴近自然。"于是善于种植花草的 L 女士将绿植装饰在家中各处。

"我比较喜欢的是能够不断繁殖的植物以及每年能开花的植物。吃掉的鳄梨我会把种子种起来。"其实，并没有用什么特殊的东西，就能将室内装点得优雅。秘诀就在于巧妙利用蕾丝和玻璃制品。比如顶棚上吊起一些玻璃装饰物，里面放上气生植物。铁制品搭配蕾丝，这样一下子就体现出了柔美的感觉。

现在 L 女士比较关注的是多肉植物、仙人掌以及水草。其中水草只要用常见的玻璃容器就能培植，效果非常不错。"在水中沐浴阳光摇曳的水草，看着就特别具有治愈力。"

↑ 一边观赏自己用小物件和绿植做的装饰，一边喝着咖啡真是感觉
非常幸福。纸箱也可以用来装绿植。

↑ 以木箱为舞台进行小物件的布置，就形成了古典主义的氛围。"这
里的干花是花园里自己种的紫阳花"。

↓ 这是 L 女士的粉丝比较熟悉的装饰一角。以白色为基调，椅子
的高低差带来的节奏感非常好。

↓ 最新作品就是这里的一角。相框和多肉植物、水草等巧妙安排在
一起。具有男人味的家具是丈夫的作品。

"不管是乐见其成长的植物，还是复古的干花和人造花，对我来说，最开心的就是将这些绿植与古老的装饰物或西洋书本结合在一起进行创意搭配。"

1 将斗柜的抽屉当做盒子来用，自己对木头的箱体进行了加工，整个都涂成不均匀的白色，并且搭配相应的人造多肉植物。因为不必浇水，所以可以与怕水的木头制品进行搭配。2 藤条编的篮子里搭配白色的小花。买回来都不用移盆，直接把小苗放进去就很有画面感。这是做起来很简单，效果却很好的一种搭配。3 当时一眼就觉得适合钉钉子而买下来的，上面摆着好像兔子的仙人掌。

3

紫阳花的干花、蕾丝的杯垫、小物件装饰的木箱等，有了这些都不敢相信是厨房内侧的墙壁。

把较长的枝条剪下一根来重新培育

厨房里的瓷砖台面上放一盆冷水花。剪下一根枝条插在水里就能活。

Z 女士 4 年前新装修的家，运用了新鲜的绿植和干花进行了装饰。作为装饰基础的家居和摆件也都非常漂亮，询问了一下这些东西的由来，回答令人意外，"我重新涂装了一下祖母的碗柜，有些还是跳蚤市场淘到的。"
Z 女士说，"我特别喜欢复古的情调。"带着这样的执着，Z 女士为了构建自己的家也是竭尽全力。自己比较中意的复古杂货店、一年举办几次的古董市场都转了个遍。因为房子带小院，可以自己种桉树和铁线莲并制成干花。生活又新增了很多乐趣。"复古的情调适用广泛，无论干花还是新鲜绿植都可以搭配。"如今 Z 女士特别热衷于使用锈迹斑驳的物件进行搭配装饰。
"在使用花朵和蕾丝进行装饰时，需要注意使用减法来防止效果过于甜美。"

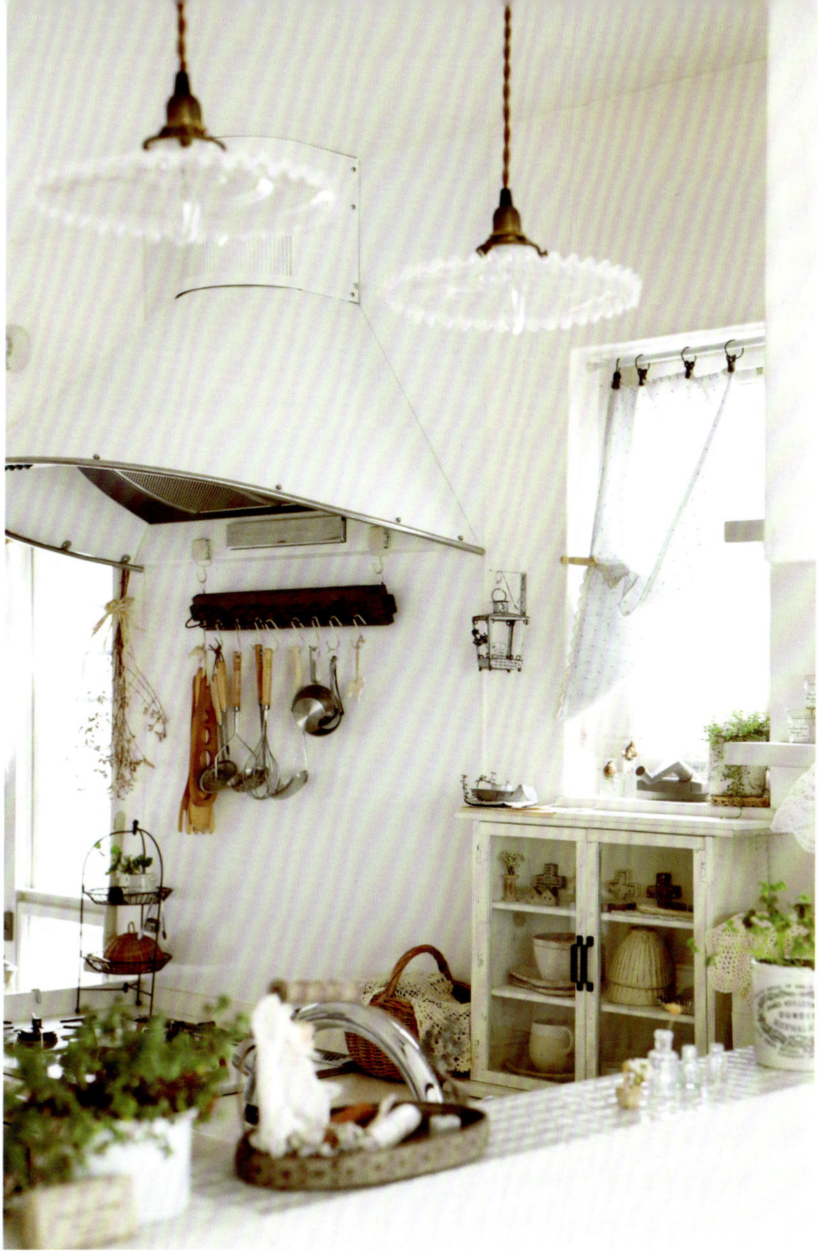

以白色为基调搭配小玻璃制品、木制品以及绿植，形成悠闲的氛围。这就是 Z 女士的厨房。

技巧

复古的物品是绿植装饰最棒的舞台

1

2

3

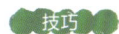

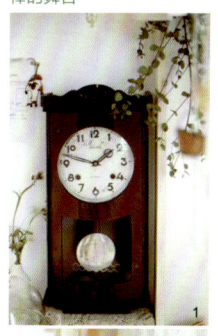

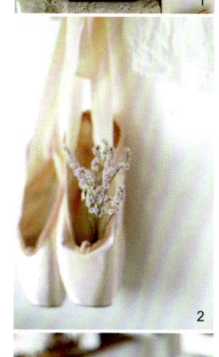

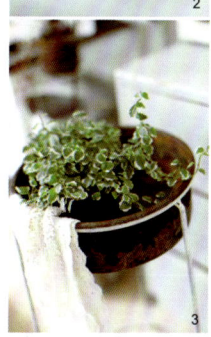

1 与桉树枝很搭配的古老时钟。网上购买的。2 复古杂货店里找到的芭蕾鞋。将其作为海石竹的花器是个很亮眼的创意。3 “我很喜欢医疗系的物件。这个洗脸盆架在古董市场花 20-30 元就能买到。”

技巧

西洋古书和乐谱是干花的好搭档

1 已经破损的干花枝条或叶子保存起来也能成为不错的装饰物，这是 Z 女士风格的装饰理念。2 在手工制作的墙壁装饰板上，竖起一页西洋书的纸张，很有存在感。这是让人感觉很有故事性的设计。3 干花、古老的花盆，还有古书。这些都是有年代的物件，风格肯定是非常好搭配的。4 冰冷的木箱大胆用蕾丝增添甜美的感觉。

1

2

3

4

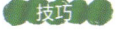

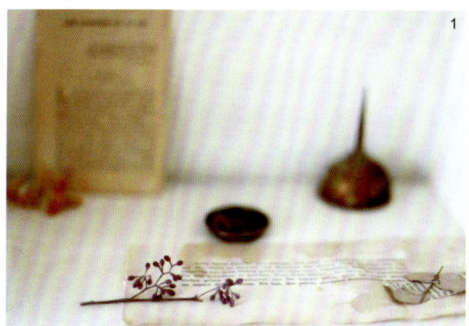

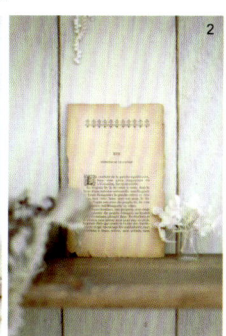

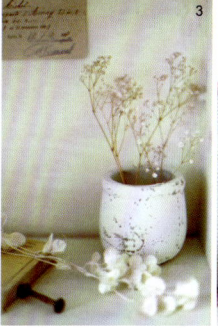

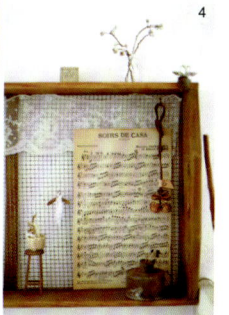

黑色的相框搭配旧杂货风格的黑色家具，
屋子里显得有些发暗。但搭配一些绿植就
立刻变身为具有治愈效果的空间。

北海道 /B 女士

"自己喜欢的黑色相框构成了理想的复古
风格墙壁装饰，但空间感觉有点暗。这时
绿植就成了不可或缺的存在。"

细致又有棱角的相框搭配复古风格的小物件，构成了西洋古书里才有的世界。因为妈妈很喜欢室内装饰，
B 女士从孩童时代起，就很喜欢摆弄自己的房间。结婚后住在楼房公寓里，也会用摆件等进行装饰，还
会自己重新涂装电视背景板，自己动手装点家园。

B 女士在装饰房间的时候，必不可少的就是绿植。没有风格的空间，或者有些阴暗的空间，都可以用绿
植增加情趣和亮度。除了花盆里种植的，有时也会使用一些其他的植物培养器皿，以符合室内的情调。
同时也会用价格较昂贵的法式汤罐或银餐具。有阳光的地方种植新鲜的绿植，没有阳光的地方放置人造的，
以这种方式来区分使用。丈夫也表示只要能看到绿植就觉得很惬意，能放松身心，所以很支持她的工作。
下次要进行怎样的装饰呢？绿植的室内装饰真是让人欲罢不能。

技巧

植物不仅可以让空间变得舒缓，还能增加节奏感。

1 带烛台的镜子很厚重，搭配晾干的松罗，很适合旧杂货风格。**2** 厨房的窗子上挂上手工制作的干花，形成节奏感。**3** 窗边有高低变化的绿植形成立体感。上面卷叶的是小垂榕，下面垂下的是常春藤和绿萝。**4** 窗边因为有直射阳光，可以放矮一些的干叶兰等绿植。

复古的绞肉机上放上干叶兰和常春藤。用常春藤体现出舒展感。

集中摆放了银制餐具的一角，用常春藤装饰。"绿植和各种摆件都很搭配，是室内装饰中很方便的道具。"

当然也可搭配复古风

汤罐大大小小摆放了三个，形成一个亮点。其实里面放的是人造植物，这样打理起来比较方便。

把花园里用的铁质装饰物拿到室内了。可以根据不同的心情来搭配不同绿植，也可以放蜡烛。

药瓶子里插上露草和桉树枝的干花。搭配蕾丝形成绝妙的留白，给人以非常柔美的感觉。

G 女士的创意

1 紫阳花和洋桔梗用铁艺吊件挂起来，不但可以做装饰还能顺便做干花，可谓一石两鸟。

2 有厚重感的西洋古书上用花装饰，可以将花衬托得更加惹人怜爱，也可以增加高度。

L 女士的创意

1 红色的枝干光棍树肆意地生长，好像珊瑚一样，用玻璃容器养起来很好看。2 孩子们在公园捡的落叶。颜色很漂亮，用叶子手工制作了标签，做成标本框挂了起来。

其他装饰创意集 snap

之前没有展示出来的装饰创意集中在这里。

杂货 × 绿植的搭配真是说也说不完。

Z 女士的创意

1 已经很古旧的鞋楦子，搭配生机勃勃的绿植。感觉截然不同的两种事物搭配，很好地相互衬托。

2 油灯罩成了绿植的家。不使用常见的蛋糕罩，而是选择了这种有高度的玻璃制品。

B 女士的创意

1 红色的是干辣椒。"将书本放在篮子里，再加上点绿植装饰，就很有书卷气。" 2 鸟笼里放上复古的笔记本和人造花，营造出西洋古书里描述的世界。

按场景分类来介绍！
绿植和鲜花的室内装饰

大家有没有很想在家里养花,但是室内采光不好,没有阳光充足的阳台,所以只好放弃。绿植其实比想象的要顽强。在居家环境中,一定有被忽视的角落值得打造一番。可以搭配一些人造绿植,这样采光不好的角落也能变成绿洲。

顶棚的装饰创意

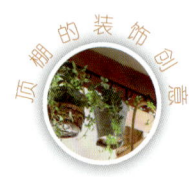

顶棚

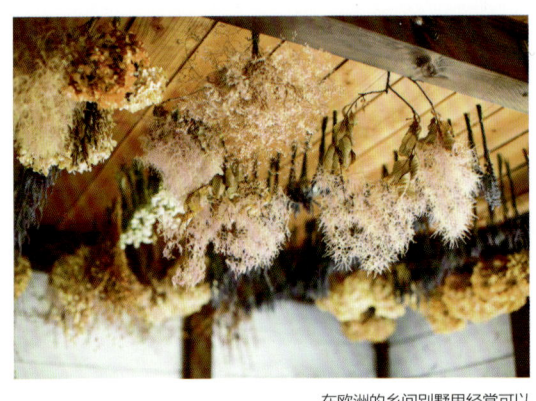

对于初学者来说，视线高度上方的空间很容易被忽视，但其实这部分是绿植装饰的绝佳空间。
因为比较高，不容易打理，所以推荐使用干花和人造花。

在欧洲的乡间别墅里经常可以看到的顶棚装饰。将干花挂满顶棚。同时也可以享受制作干花的乐趣。

在顶棚上进行装饰，可以让客人在进入房间的瞬间就被吸引住目光，可以装饰得很满，也可以形成纵横交错的线条。如果没有房梁也可以拉上绳子或铁丝进行固定。

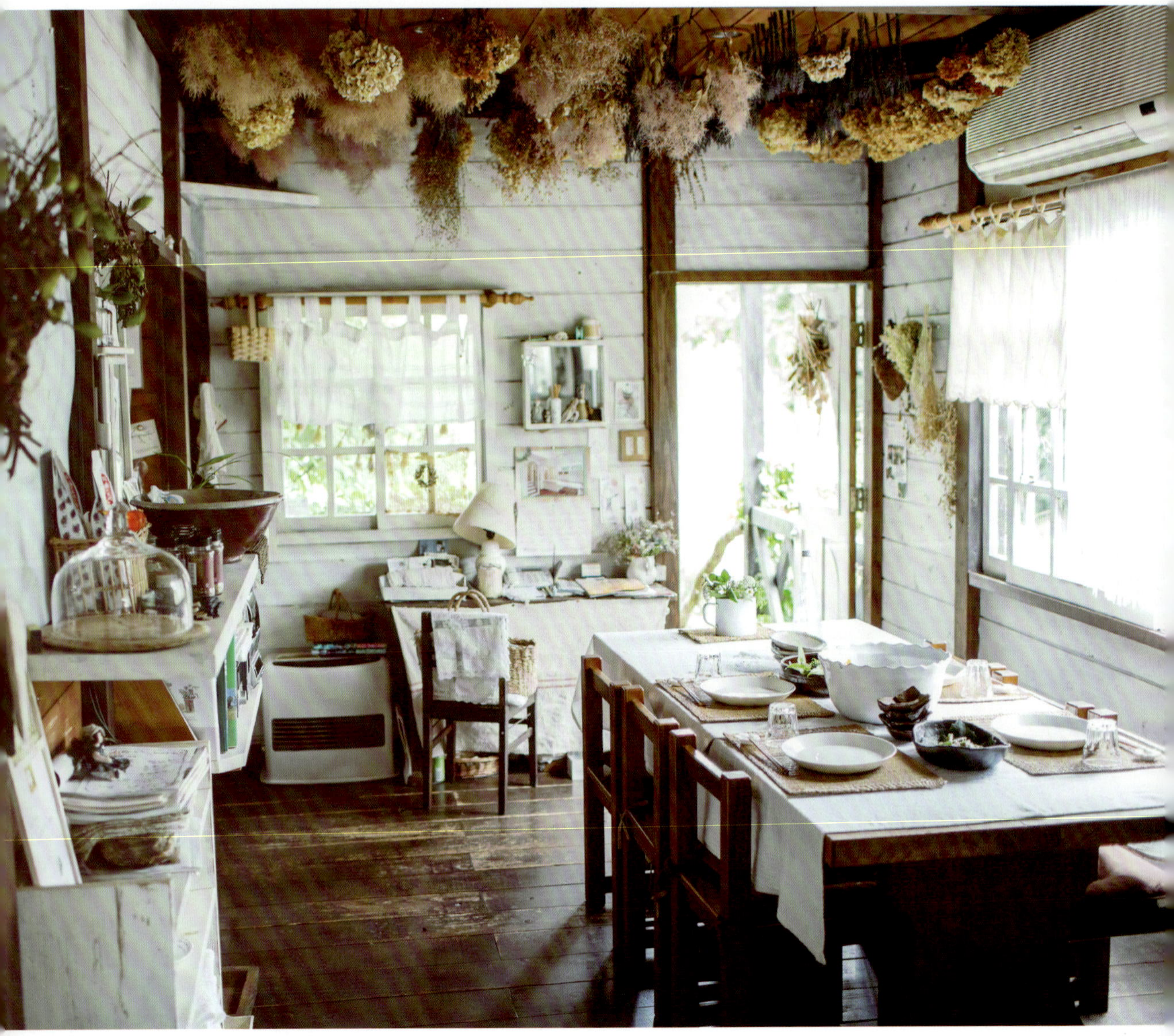

创意 制作装饰性房梁

在一些楼房公寓等没有房梁的屋子里,可以在顶棚上装上木头条,这样就形成了房梁。上面可以根据需要挂上干花进行装饰。

创意 灵活运用房梁

1

创意 搭配照明

房梁上用水晶吊灯或者枝形吊灯装饰,就会增添无机质的感觉。这时配合绿植,就会有回归自然的感觉。也推荐搭配一些鸟或者蝴蝶的造型。

2   3

房梁 × 绿植的搭配在欧美国家是常见的。很久以前,房梁就是摆放绿植的舞台。不仅可以用干花装饰,还可以用篮子或者带把手的装饰物进行搭配。1 和 2 并不是从房梁上吊下来的,而是将绿植放在了房梁上。3 房梁上装了吊钩,这样就可以随意挂东西了。

创意 跃层 + 装饰物

如果是顶棚很高的住宅,可以大胆地将梯子挂在顶棚上,然后上面挂上装饰物和绿植。自己动手的话,还可以挂上比较轻的枝条。晾衣杆可以重新涂装成复古风,伪装成枝条,这样也是不错的办法。

窗户 / 架子

窗户如果只是挂上厚重的窗帘就太浪费了。
玻璃制品可以透光，不会遮挡采光，
多放一些玻璃制品进行装饰则能体现出南法风情。
以玻璃窗为中心，上下左右全面进行装饰，
真是乐趣无穷。
特别是看着铝合金窗户就觉得太过冰冷的人，
使用绿植让窗户的感觉焕然一新吧。

白色为基调的厨房，搭配白色的蕾丝和窗帘，还有白色的摆件进行装饰。在白色中点缀鲜嫩的绿色，就可以弱化冰冷感，体现出南法传统家庭的窗边氛围。

1 带横杆的窗户原本是挂咖啡帘的，现在改成了蕾丝。可以朦胧地遮蔽外侧的视线，窗帘杆上用S形的钩子挂上了篮子。**2** 青绿色为主的摆件形成漂亮的一角。以嫩叶为主题，展现春天即将到来的感觉。

创意 制作一个窗内窗

在铝合金窗户的内侧自己加一个窗框，就
成了窗内窗。两个窗户之间可以摆放人造
绿植或相框等，看起来完成度很高。

创意 摆放玻璃制品

厨房的窗台上可以摆放一些玻璃瓶当做花
器，插上颜色鲜艳的花朵。长得很长的常
春藤也令窗边更有自然的感觉。

创意 窗户的上方搭个架子

1 可以在窗户上方搭个板子并横向装饰上树枝，再用干花及蕾丝
装饰。2 类似嫩草色这样色彩柔和的壁纸可以贴到墙壁上，将翡
翠珠放到篮子里垂下来，这样铝合金窗子的无机质感就被削弱了。

创意 玻璃容器的透光效果

阳光穿透玻璃瓶带来明快的氛围。1 玻璃窗上按上吸
盘挂钩。2 窗帘杆上也可以吊装饰品。3 窗户轴上可
以打些钉子，然后挂东西。

创意 粘上去

在十元店就可以买到的塑料材质蕾丝，
可以直接用黏着剂固定到窗户玻璃上。

墙壁的装饰

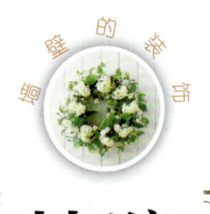

墙壁

不怎么费力就让房间的感觉焕然一新，
想要达到这样的目的，推荐大家从墙壁入手。
墙壁的大空间上，
稍微加点绿植装饰，
一下子就有时尚的感觉了。

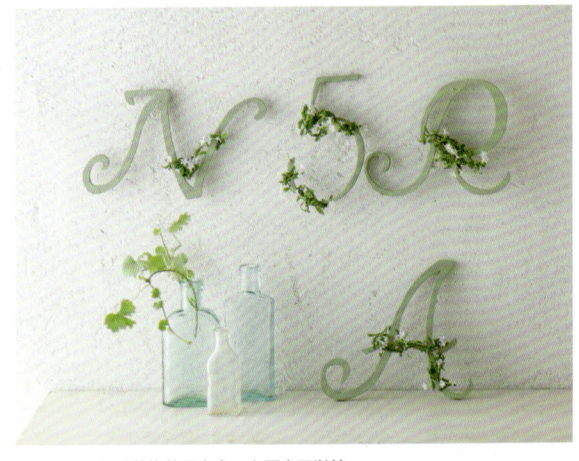

经常使用的墙壁装饰就是文字，上面也可以缠绕一些绿植。虽然是不起眼的装饰，但效果非常优雅。

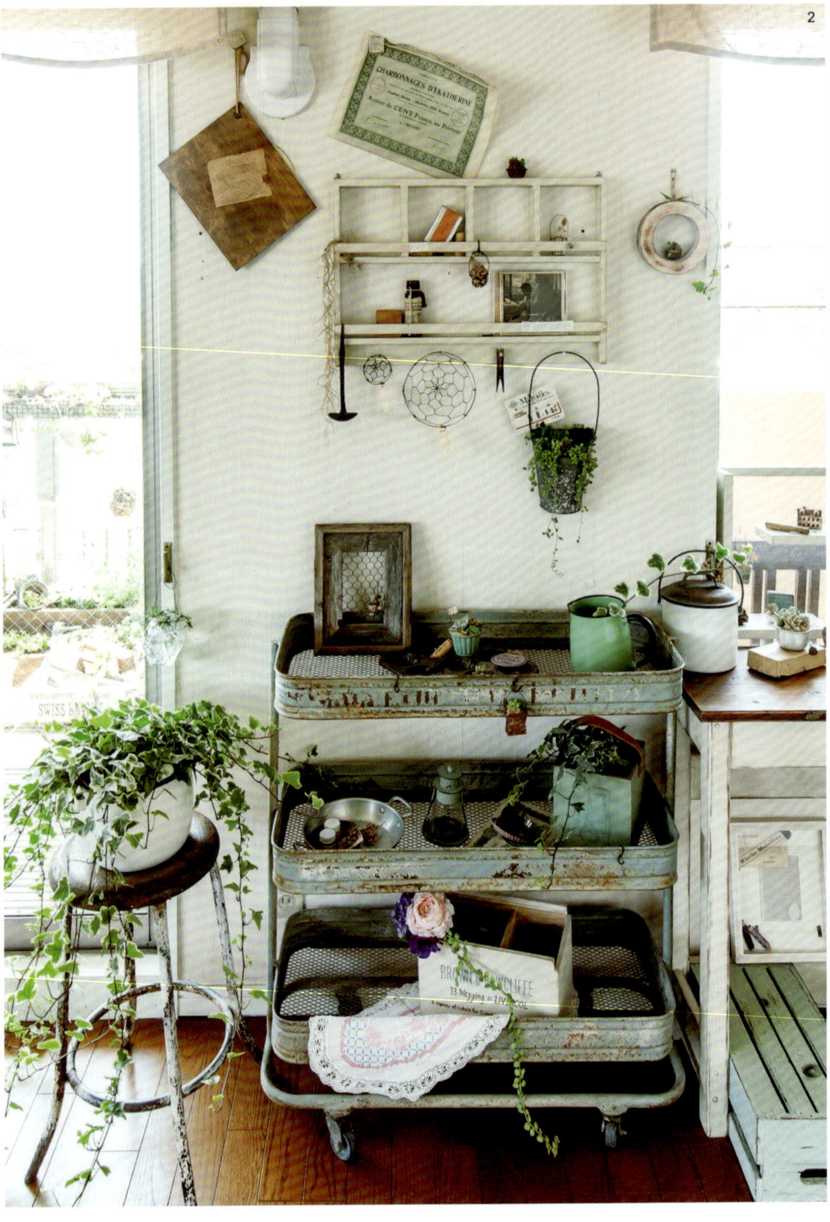

2

1

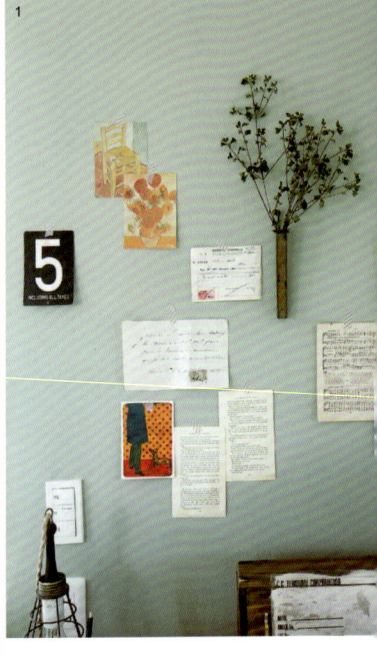

旧书页简直是墙壁的救世主，和很多其他装饰物都很搭配，推荐大家尝试使用。用胶带贴在墙上就可以，所以即便是租房也可以使用。1 不仅将纸张贴在墙上，而且用圆筒型的花器做了搭配，形成了不一样的感觉。2 墙上钉了架子，上面挂了装饰物和绿植，这样很好地处理了墙面的留白。

创意 SWAG 壁挂装饰很容易营造西洋复古风

这类壁挂装饰比花环要晚一些进入日本。死角里的窗户上挂上这样的装饰就能让空间的感觉大不相同。蝴蝶结也是其中的亮点。

创意 以百叶窗为舞台

空空的墙壁上可以挂上窗框等提升延展性。上面可以装饰花环或者 SWAG。这样假窗户也显得很有味道。

创意 加上相框

在海外，家里的墙壁上一般都会挂上很多相框，搭配绿植就好像成了植物图谱。1 古旧的画框上插了一枝花。感觉就像一张画一样。2 画框中装饰的是自己制作的压花标本。

创意 钩子上点缀装饰

墙壁上仅是钉上钩子会给人不好的感觉，但如照片中一样，用人造花装饰就变得很漂亮。

创意 受欢迎的铁框子与绿植结合

创意 花环也是墙壁装饰的必备

花环可以说是墙壁装饰不可或缺的装饰物。选择比较轻巧的，用大头钉也可以将其固定，这样即便是租房也可以使用。

细节非常精致的铁框子原本是用在庭院里的。当然也跟植物非常契合。1 把铁框子放在飘窗下方的死角里，作为地上摆放紫阳花的背景。2 立在墙边，用常春藤搭配非常好看。

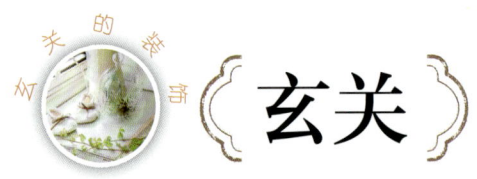

玄关的装饰

玄关

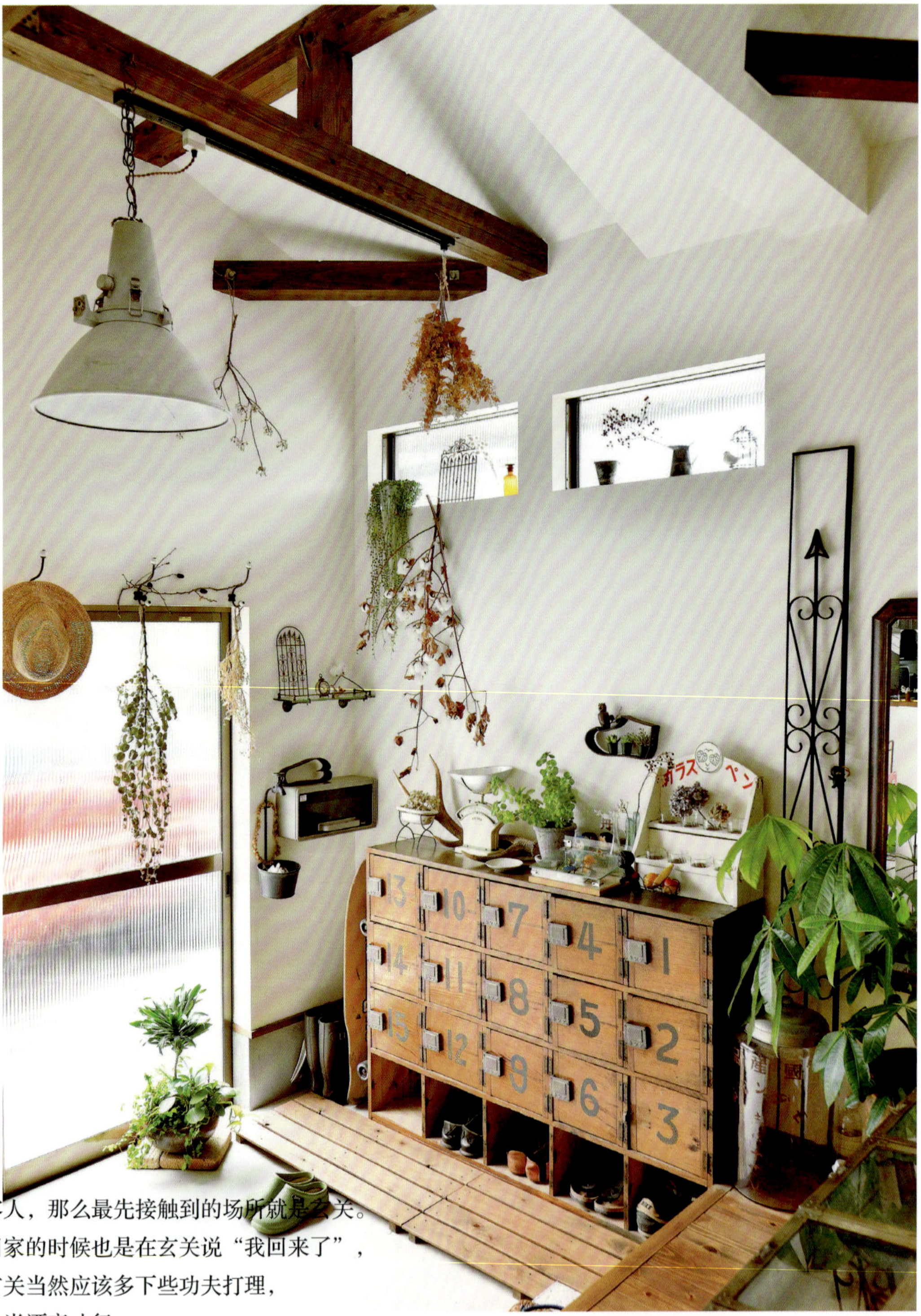

将澡堂子里常用的衣物寄存箱放在玄关。复古的数字和木头的质感适合搭配绿植和干花。

如果家里来客人，那么最先接触到的场所就是玄关。
外出的家人回家的时候也是在玄关说“我回来了”，
如此重要的玄关当然应该多下些功夫打理，
尽量装饰得时尚漂亮才行。
但可惜的是，日本的住宅空间小，
玄关处装饰物很难摆放，但绿植没有问题。
这里利用室内绿植的装饰技巧，帮你营造清爽的玄关空间。

创意 如果是采光不好的玄关推荐摆放多肉植物

采光不好的玄关最适合放多肉植物。冬天进出家门也能感觉明快、柔和。

创意 装饰物和家居相互搭配

以自然的花园为主题，尽情地布置玄关。感觉就是一个小小的庭院一样。

创意 鞋柜＋铁框子

固定在墙上的鞋柜上摆一个铁框子就与绿植相映成辉，体现出优雅的感觉。

创意 将干花挂起，营造山庄的感觉

鞋柜的上方挂起一排干花。感觉好像到了一个山庄别墅。

创意 即便是租的房子也应该打理一番，用绿植来装饰就好

如果是采光不好的楼房公寓，玄关用植物来装饰也能带来清爽感。1 比较狭小的玄关，大胆放置桌子等大型家具，并将其作为绿植的舞台。2 不用的牛奶箱也不能闲置，可以放上人造绿植。

创意 纯日式的玄关搭配绿植更显自然气息

像照片里这种日本传统房屋的玄关，自己动手布置一些绿植，也能形成西洋复古风。架子上大胆用藤蔓类植物来装饰非常引人注目。

满眼都是绿

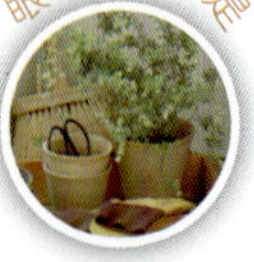

绿植一角

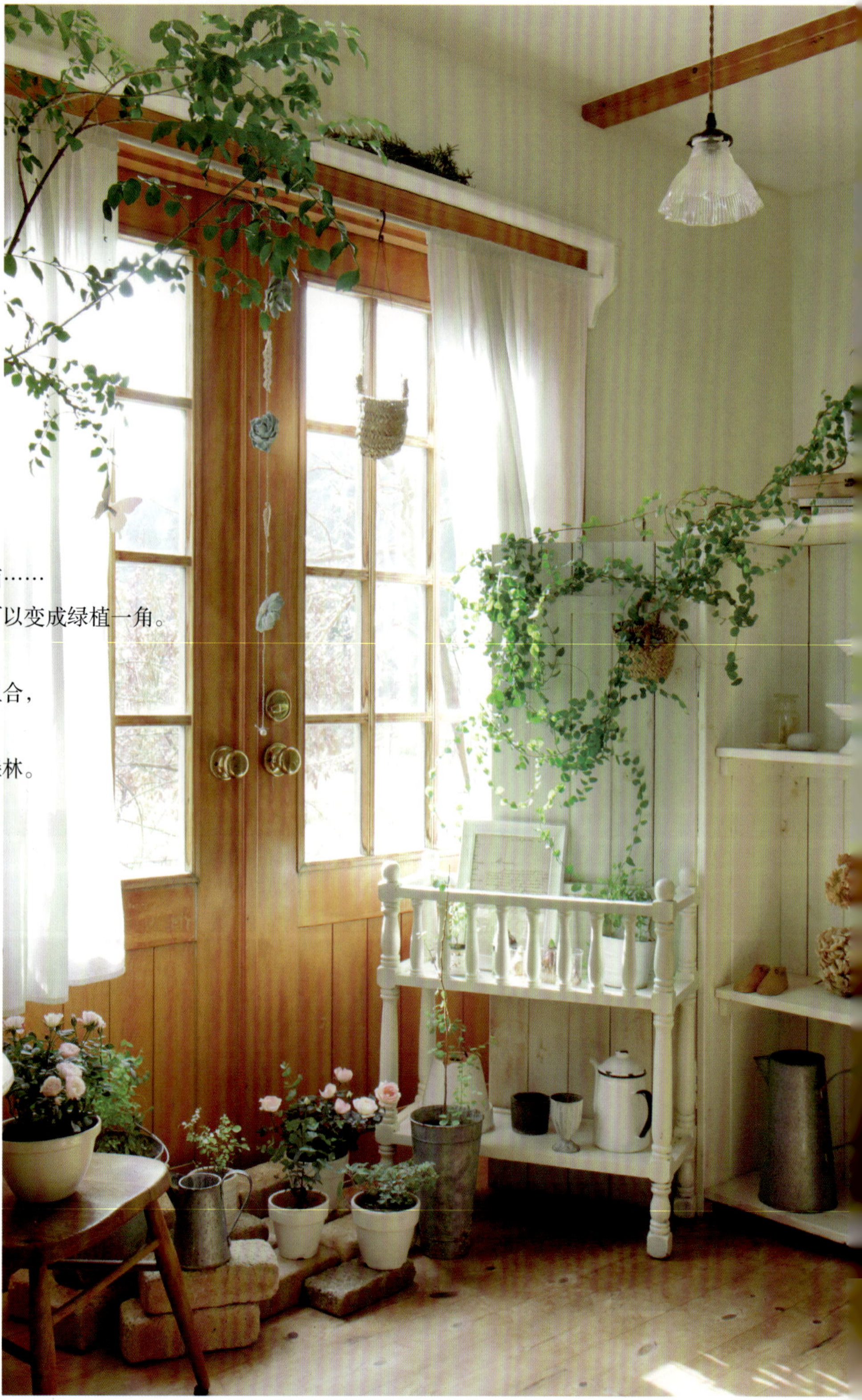

比如，廊下的一角。
或是空无一物的壁面。
亦或是采光很好，
但很难摆放家具的地面……
类似这样的的空间都可以变成绿植一角。
营造如花店般的氛围，
小型家具和盆栽绿植组合，
大量绿植装饰，
好像家里拥有了一片森林。

如果是平常不用的出入口，就可以变成绿植一角。采光比较好的话，也有利于植物的生长。

创意 用绿植来分割空间

如果想将推拉门和隔扇等拿掉，让室内空间显得大一些，可以换用绿植来软性分割空间。

创意 大型复古装饰物，只要一个就能构成绿植一角

房间的中央有时候会出现空余的空间。这时只要不阻碍通行，就可以当做布置绿植的空间来用。

创意 保护植物的同时形成绿植一角

迷你花园、鸟笼还有玻璃罩都可以成为绿植的舞台，可以保护绿植免受吸尘器的风压迫害。

创意 小尺寸也不错！随时可以搬到有阳光的地方。

选择木箱或篮子等易于移动的容器，一旦植物有点枯萎，随时可以搬到有阳光的地方。

创意 长凳或高脚凳都可成为不错的绿植一角

比较推荐的绿植舞台还有长凳和高脚凳。放在廊下或者门的旁边，不会占用多大空间，但效果很好。

〔 死角 〕

植物的魅力就在于，即便是摆放在夹缝处，

也能让空间体现出自然的感觉。

特别是看起来清爽的植物，

比较适合放在死角。

将不起眼的死角当做绿植的舞台，

也是室内绿植装饰的乐趣所在。

你的家里也有很多被忽略的绿植空间。

窗帘杆

如果觉得没有窗帘盒就做不了装饰，那就可惜了。窗帘杆也是方便吊饰的道具。可以晒些干花挂上去。也可以像照片 1 这样放上树枝，更显自然的感觉。

内窗

以从外面往室内看时的感觉来装饰内层窗户或者窗户的内侧。1 欧洲地区会在窗户外侧挂上这样的架子，里面放上花盆，展示花之美。而我们可以将其用在窗子内侧。2 厨房和客厅的内窗也是绿植装饰的好地方。

地板

在欧美地区，家里地板上放绿植是非常常见的。有的是花盆直接放在地板上，有些是放在椅子或者篮子里构成一角。不过，这样造成的一个问题是吸尘器不太好吸。

大型家具
的顶部

碗柜或者斗柜的顶部如果堆满东西，就
会让房间很有压迫感。越是有高度的家
具，就越推荐干花或者人造花。也可以
放在篮子里装饰，会很好看。

大型家具
的里面

大型家具或大衣柜也可以如照片所示，
进行绿植和摆件的装饰，将柜门一直开
着感觉也特别好。涂上底漆，然后再涂
上黑色的漆，柜子里面就变得很好看了。

椅子

如果有空余的空间，比如廊下，可以放
把椅子，这就构成了一个装饰的舞台。
直接摆放个花器就非常漂亮。如果有椅
背的话，还可以设计出立体感装饰造型。

做好杂货 × 绿植的装饰

要不要下来晒一下？

好不容易完成的杂货和绿植的装饰感觉好可爱，
只有家人和来访客人才能欣赏到，感觉有点不够劲。
推荐大家尝试一下 Instagram。
用手机拍好照片就可以立刻上传分享。
向全世界晒出自己的得意作品吧。

Ay. Antiques

"根据斗柜的风格，搭配了一些杂货。牛奶色的玻璃瓶里插上几支花，就很有感觉。瓶子对称摆放，用的花要挑选有颜色的。"

Gemini_natural

按树剪下的枝是在附近的超市 20 元的特价买的。将装好水的花瓶分别放到马口铁的花盆里。灰绿冷水花也用马口铁做花盆套，也可以用木箱或篮子来做花盆套。

Mieivory

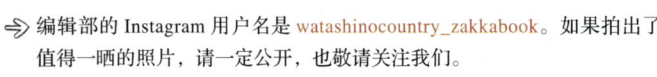

鲜艳的绿色和淡雅的花漂浮在水面上，让房间一下子明快了起来。大叶子上可以写些文字。蜡烛上放的是三色堇的压花和手工制作的雪山八仙花花环。花环搭配复古的蕾丝，将蜡烛衬托得很华美。

➡ 编辑部的 Instagram 用户名是 watashinocountry_zakkabook。如果拍出了值得一晒的照片，请一定公开，也敬请关注我们。

Chapter

4

掌握 7 个最基本的方法！
装饰技巧讲座

室内绿植和插花艺术还是有一定区别的。并不需要很专业的技巧，也不需要特殊的容器。垂下来、吊起来、集中在一起、将花盆或花器摆放在一起、就放一点或仅仅就放在那里等等，像这样进行一些最基本的操作就可以形成很可爱的装饰造型。希望大家注意色彩的运用。

下垂

Hanging down

下垂的核心手法就是
将常春藤、翡翠珠、爱之蔓等藤蔓类植物，
养得很长用于装饰。

推荐搭配的
装饰物

* 鸟类主题 → p.10
* 水龙头 → p.12
* 玻璃瓶 → p.18
* 医疗柜·碗柜 → p.30
  等

能够长得很长的藤蔓类植物，可以成为室内绿植的主角。可以茂盛地覆盖装饰物，也可以仅用一两根自然地垂下，都很好看。1比较容易养的爱之蔓可以随意剪下一支与装饰物搭配。2和4觉得墙壁有些单调的时候可以挂在墙边。3可以放在操作台等上面，任其伸展，这样很有西洋复古的感觉。除了这四种类型之外，也可以放在大型家具的顶上或者窗户上。比视线高的位置，垂下来很有画面感。

吊起

Hanging

将花盆或花器吊起来，形成悬空的植物装饰，
有风的时候还会摇动，给人很清爽的印象。
适合使用干花及人造植物，也可以使用枝条。

如果在靠近顶棚的地方或者死角等不容易打理
的小空间使用绿植装饰，推荐还是用一些装饰
物将其吊起。1 可以随处挂的晾衣架也是绿植
装饰的一种搭配选择。很多人都会忽略它。2
将一些迷你的小瓶子摆放在一起，并且瓶口用
铁丝或麻绳拴住吊起来。3 S 形的挂钩是室内
绿植装饰的好搭档。4 顶棚上吊起绳子或者树
枝，就有了绿植装饰的舞台。这是即便租房也
能乐享的装饰方式。

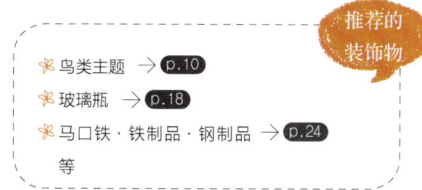

推荐的
装饰物

❀ 鸟类主题 → p.10
❀ 玻璃瓶 → p.18
❀ 马口铁·铁制品·钢制品 → p.24
　等

67

扎堆

Gathering

不管是单品类还是多种类，一个花器里面插满很
多花就成了华美的花束。所用花器颜色淡雅一些
反而会更引人注目。

推荐的
装饰物

❋ 篮子 → p.16
❋ 陶器 → p.20
❋ 玻璃罐子 → p.22
❋ 马口铁·铁制品·钢制品 → p.24
　等

室内绿植刚刚普及的时候，一般性的技巧是少
许点缀。但是最近的趋势是将庭院和森林搬到
室内，装饰得满满的。最近的室内装饰高手越
来越多运用的手法是将绿植成为空间的主角。
1 花盆也不单调，西洋复古风的细节体现了优
雅的感觉。2 地上摆放花盆和篮子，用绿植装
点，体现更加自然的感觉。3 和 4 直接放到家
具上，与装饰主题相互衬托，突出存在感。

集合
Group

高度相同的花器或有高有低的花器，
搭配相同色调的绿植或者五彩缤纷的花朵。
即便是个头很小的，只要集中在一起也能彰显存在。

1 最近流行的仙人掌拥有独特的形态，相对于单个摆放，集中在一起更有柔和的氛围。形状不同但花盆统一为相同色调，也能体现出整体感。2 大朵的花从十年前开始，就流行集中到一个花盆里展示，如今每株分开来，之间稍微留些空间，摆放在一起，看起来也很优雅。3 淡色的玻璃瓶子集中在一起，稍微点缀绿植的创意也很棒。4 不用经常浇水的球根植物或仙人掌，集中在一起摆放也增加了体量感，也省去打理的麻烦。

推荐的
装饰物

❀ 蜡烛（白天主题）→ p.8
❀ 篮子 → p.16
❀ 玻璃瓶 → p.18
❀ 陶器 → p.20
等

点缀

guetly

室内绿植的装饰手法中，仅插上一两根点缀，
就可以形成令人惊奇的画面效果。
花枝需长短搭配找好平衡。

1

2

3

4

推荐的
装饰物

❈ 玻璃瓶 → p.18
❈ 陶器 → p.20
❈ 马口铁·铁制品·钢制品等 → p.24

如果想展现装饰物本身的形态，插上一两根花枝
搭配会比较好。这样简单的处理就可能让手头的
小物件展现出不同的风情。在给家里的绿植剪枝
的时候，剪下来的枝条也不要浪费，可以和小物
件搭配，形成新的创意。1 和 3 迷你玻璃试管类
型的花器与点缀这一手法非常匹配。2 和 4 这是
最近经常可以看到的运用花茎和枝条长度的创意。
装饰物和绿植可以相互衬托，尽显魅力。

仅仅放在那里

Just setting

植物即便你不去打理也会成为美丽的装饰主角。
整理出一个空间，仅将植物放在那里便可。
不矫揉造作是展示主人品味的窍门。

很自然地将绿植放在篮子里，或木箱、家具上，室内空间便一下子好像很有海外风情了，这真的很神奇。这里特别推荐干花。1 和 3 实际上椅子作为绿植摆放的舞台非常合适。不坐的时候可以成为干花摆放的固定地点。2 椅子还很方便竖着摆放花环。4 有时候会不知道该把紫阳花的干花往哪里摆。这时推荐使用篮子，兼顾收纳和装饰性。

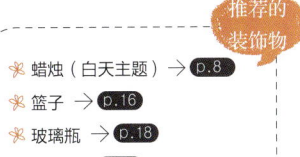

推荐的装饰物

❋ 蜡烛（白天主题）→ p.8
❋ 篮子 → p.16
❋ 玻璃瓶 → p.18
❋ 陶器 → p.20
　 等

第七讲

使用黑色

Black power

乍看，黑色与绿植并不相配。
但最近流行旧杂货风格以及男性风格都少不了黑色搭配。
可以说黑色 × 绿植的搭配是室内装饰的高级技巧，值得挑战。

❈ 蜡烛（白天主题）→ p.8

❈ 水龙头 → p.12

❈ 医疗柜·碗柜 → p.30

   等

室内绿植的主要作用还是让房间里更有自然的氛围，所以搭配的物件也基本是柔美的风格。但最近越来越多的人会大胆地运用黑色或者大红色等彰显对比的颜色来搭配。这里就来介绍一下始于18世纪法国的黑色运用方法，可以令空间显得非常素雅。**1**和**4**如果是刚开始尝试，可以先试试黑色×干花的组合。**2**在黑色的水罐里放上大把的人造绿植。**3**黑色×黑色给人成熟的感觉。

推荐的
装饰物

5

用鲜花和绿植招待朋友
＋
礼品·馈赠品的装饰创意

尝试布置招待朋友的家庭聚会，在家里的咖啡桌上进行绿植装饰。即便对厨艺没有自信，或者菜肴不够丰盛，有绿植装饰也能一下让气氛热闹起来。特别是一些好养的香草类的植物，既可以做装饰又可以吃。使用一些容易学的创意技巧来迎接客人吧，让绿植使你成为会持家的女主人！

秋冬常用的蜡烛容器在其他季节也可以当做餐桌花瓶来用。和松木的底板搭配很协调。

烤制糕点也可成为装饰

实用又有装饰效果是 X 女士的风格。1 里面的烤制糕点也很有装饰效果。2 蕾丝的垫布和绿植的组合非常漂亮。玻璃罩子不仅可以搭配鲜花或人造绿植，还方便放糕点等小物件。

桌面装饰创意

秋冬常用的蜡烛容器在其他季节可以放花

在欧洲，即便是在很狭小的空间里摆放菜肴，也会在桌子的中央放上漂亮的花。作为招待的主角，要选择适合搭配的花器。X 女士被古董玻璃制品的气质所吸引，非常热衷于收集古董玻璃制品。不仅在特别的日子会用，平常生活里也加入了古董玻璃制品来装饰。

篮子竖着挂成一列体现高度

摆放了含羞草的篮子并不是横向摆放，而是用缎带从顶棚上吊下来排成一列，可以说是最新的创意。可以体现出顶棚的高度。

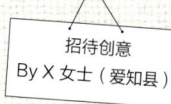

招待创意
By X 女士（爱知县）

1 配置蜡烛的奢华聚会装饰。2 十字型灯罩、垫盘、蜡烛以及鲜花的颜色互相搭配，形成风格成熟的餐桌布置。自然的鲜花装饰非常优雅。

绝妙地控制氛围，使人容易融入其中

摆放铁质的架子，这种古董材料装饰的一角特别适合搭配铁质的烛台。干花和铁制品果真非常搭配。

 **桌面装饰创意**

紫色为基调的布置尽显优雅
将干花作为其中的亮点

Y女士喜欢收集餐具，也经常举行家庭聚会。桌子上总会摆放自己得意的收藏品，同时也会"点起蜡烛，让客人能够品味不寻常的时光。"装饰的花并没有进行特别的处理。注意蜡烛阴影的造型，营造热闹的餐桌氛围。

蜡烛有些高低落差，体现节奏

这种蜡烛的摆放方法也可以尝试运用在鲜花的摆放上。1 简单搭配的蜡烛造型，多个摆放在一起就很有华美的感觉。2 相同形状的玻璃烛台错落有致，很有节奏感。

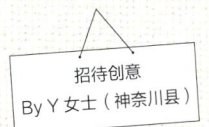

招待创意
By Y女士（神奈川县）

招待朋友的时候，用绿植来体现热闹的气氛。再加上香草的清香，整个环境就显得舒适而放松。

"绿植和复古的装饰物非常搭配。" 1 桌边靠墙立起画框，常春藤进行有效装饰，形成很有技巧的桌面布置。2 玻璃板上用杯子装上雪山八仙花。

搭配香草

香草类的室内熏香适合做成礼品。自己养的香草类植物很适合做成礼物赠与他人。蜜蜡和石蜡以 3:7 的比例搭配融合，再滴一些精油后固化。

即便是租的房子，也有随时可以恢复原状的绿植装饰方法。T 女士就是这样将自己的家装饰出了巴黎公寓的感觉。"能营造这样的环境主要还是靠自己动手，还有就是绿植的力量。招待朋友的热闹感也是源自如此。同时我也很喜欢利用香草类植物的清香营造舒适、放松的环境。"

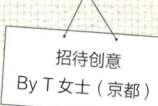

招待创意
By T 女士（京都）

T 女士用家里自培的香草制作迎客物品

"我很喜欢有香味的绿植，房间里总是放一些香草。" 这是在室内比较容易养，还能丰富餐桌的好东西。1 餐巾上装饰橄榄枝和自己制作的便签。2 薄荷茶里不用冰而是冻好的黑莓。3 冷酒器里放上薄荷叶，看起来更显时髦。

冬天营造温暖环境
可用蜡烛、人造花环和壁挂绿植作为辅助

炖锅料理是"只要加热一下就能上桌，是不用让客人等待的好东西。"1 冬天的午餐聚会可以多布置一些蜡烛。2 桌子上的棉布制造出雪的感觉。蜡烛和花环烘托热闹的气氛。3 奶油和银糖果装饰的杯子蛋糕，简直让人欲罢不能。

展示出来的收纳要有强弱感

招待客人的时候，比较烦恼的是房间里充满日常杂乱的生活气息。D 女士的处理方式是在水盆上方够不到的架子上，摆放白色的物件，营造厨房可爱的气氛。

D 女士因为制作的糕点和厨艺很受孩子的朋友们欢迎。繁忙到没有时间的时候，她也有能应付自如的王牌配方，那就是鱼和蔬菜搭配的海鲜料理。

"即使是不喜欢吃鱼的孩子也很爱吃，和朋友一起的午餐聚会上也很受欢迎。如果拿出自己最中意的 Le Creuset（酷彩）锅，更能活跃餐桌的气氛。"

统一成白色的装饰
正需要绿植点缀

"将环境色统一成白色来提升气氛。"1 复古的搪瓷罐里插上绿植，简单又高雅。2 蜡烛旁边摆放的房子模型，是 D 女士手工制作的。

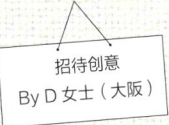

招待创意
By D 女士（大阪）

✳甘菊茶饼

配方

低筋粉 230 克，烘焙粉一大勺、捻一点盐、一大勺砂糖、干燥的甘菊 5 克撒在碗里。无盐黄油 70 克，用手指搅拌均匀。加入牛奶 110 毫升整合一下，用手搓成球，大概直径 5 厘米，8 个左右的数量。表面涂上适量牛奶。在 200 度的烤箱里烤上 15 分钟就好了。

✳带绿叶的薄荷汤

配方

先将绿叶菜 150 克焯一下（用冷冻的也可以）、土豆 1 个、薄荷少许、炖肉汤三碗。搅拌器搅拌一下，放回锅里，加一杯牛奶后，加热一下，用盐和胡椒调味。放凉了再享用也不错。

**飘荡着玫瑰的香气
玫瑰醋**

用干净的广口瓶，放满玫瑰花瓣，然后加满苹果醋或者白葡萄酒醋。封起来放上一周时间腌制，然后放到冰箱里保存就好了。可以和油混合作为沙拉的浇汁，作为最后一道工序，稍微加一点提味也很不错。

**新摘的香草叶
可以成为桌面装饰**

在料理中经常用到的香草类植物，如果做菜剩下了，也不要浪费，可以做成很好的装饰。比如，可以插在小水罐里，做成桌面装饰，吃饭的时候给大家介绍一下这里面的哪种香草用在了烹饪里，丰富餐桌的话题。

✳四季豆和凤尾鱼的香草煎菜

配方

煮得硬一些的四季豆用香草油来炒一下，然后放入搅碎的凤尾鱼，用青鱼的草盐调味就完成了。三分钟就能做出来的料理，建议作为配菜上桌。

香草师福间玲子女士传授

桌面装饰创意

好养活的装饰植物
香气动人又美味的香草类植物
值得初学者用于招待朋友

在院子的角落里或者阳台的花盆里，都能茁壮成长的香草类植物，可以一茬茬地收割，很不错。在进行装饰时可以不吝惜地大量使用。对于 F 女士来说"如今根本不能想象没有香草的日子，香草已经成为了生活的一部分。"她传授了自己招待朋友时会用到的香草装饰技巧。

✳ 玫瑰醋的米饭沙拉

配方

蒸得硬一些的饭，混合切得碎一些的蔬菜（西红柿、芦笋、洋葱、莴苣等）一起放在碗里。加上同样多的玫瑰醋和橄榄油，再加上枫糖、盐、胡椒搅拌在一起做的调味汁倒上去。在享用之前可以挤些柠檬汁。

✳ 散发普罗旺斯香草气息的西班牙鸡蛋卷

配方

土豆切小块，洋葱、西红柿等用香草油炒一下，普罗旺斯香草调味。鸡蛋打好。四个人要准备三个鸡蛋，适当加入帕尔玛干酪，放到平底锅里，然后加上炒好的材料做成鸡蛋卷。

希望大家常备草盐

食盐 20 克，干燥的各种香草等量（小勺子的四分之一左右）混合在一起就可以了。特别是下面推荐的五种，搭配草盐，味道提升一个档次

青鱼料理：迷迭香、百里香、披萨、欧芹
白身鱼料理：百里香、茴香
绞肉料理：披萨、欧芹、百里香、肉豆蔻、众香果
西红柿料理：罗勒、欧芹、辣椒、大蒜
利用香草香气的配方：
普罗旺斯香草（百里香、迷迭香、披萨草、龙蒿、鼠尾草、欧芹、山萝卜）

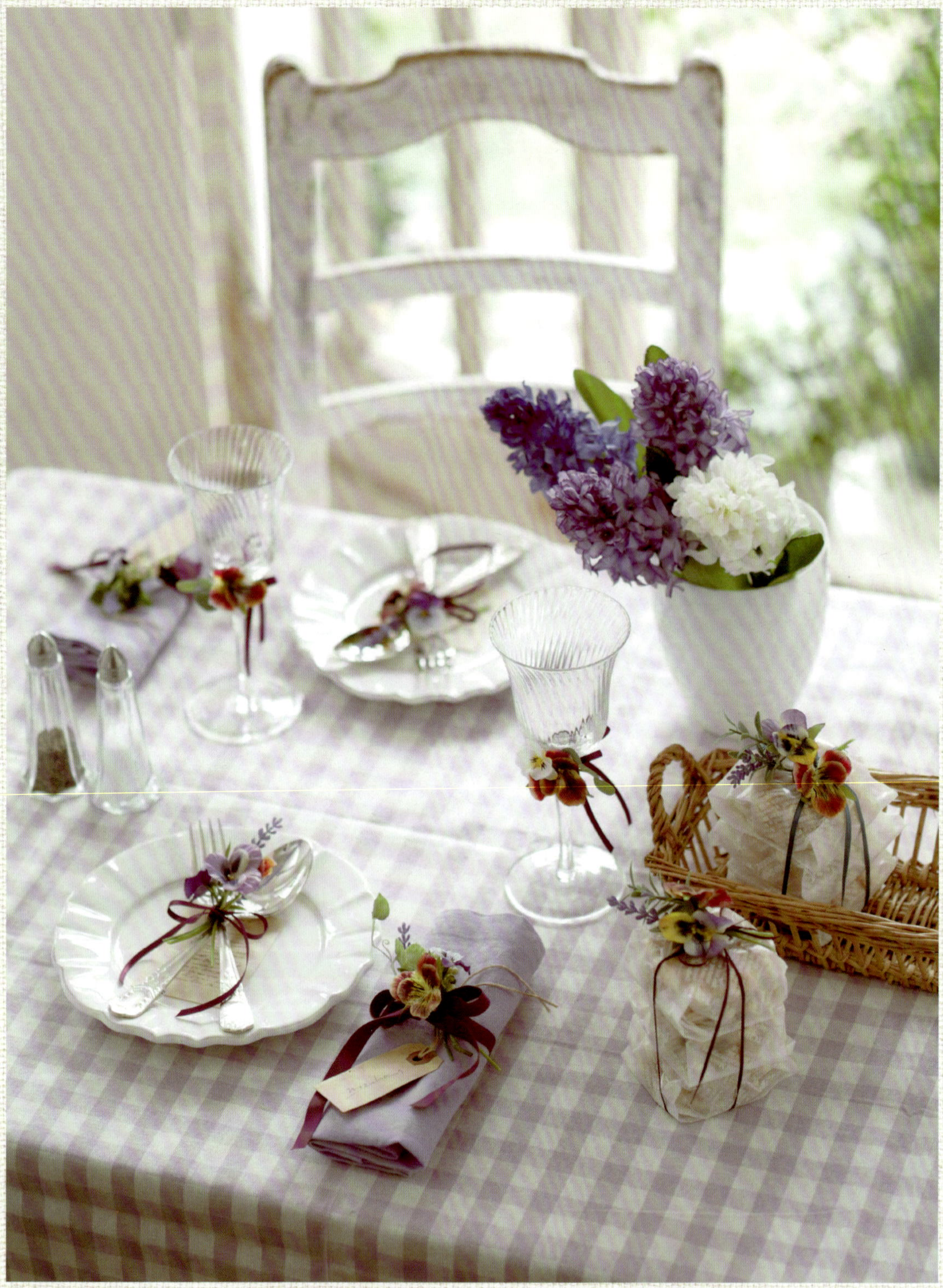

桌面装饰创意

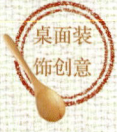

用人造花及绿植搭配缎带和便签招待客人。

也可应用在礼物包装上，一定会赢得对方的赞赏。

搭配

可以在多领域发挥作用的小花束，也可以作为当天的回忆，当做礼物送给客人。便签上可以写上日期和留言。

即便是简单的料理，在桌面布置上下些功夫也会让餐桌的档次有所提升。将餐具和花朵一起绑起来，还可以加一张菜单卡。

如果有高脚玻璃杯，推荐搭配小朵的花。可以用包纸的铁丝绑起来，再用缎带绑一下。

植物都是新鲜的，会带着土，有时甚至会有虫子。所以也有人会排斥餐桌上有植物的装饰。这时还是用人造绿植比较好。可以反复使用，性价比很高。如果聚餐是以聊天为主，用应季的花朵来装饰，就能构成休闲的桌面装饰。

用缎带来绑餐巾，便签上写上客人的名字，这样给大家指定好位子，气氛会更特别。

多准备些烤制的糕点，剩下的可以作为礼物赠送。用蜡纸包起来，缎带结扣处插上小花。

这样的创意也不错

在桌面装饰中，用复古的卡片也很不错。将聚会那天主要用的花作为卡片的主题，就可以更加烘托气氛。

用鲜花和绿植招待朋友

81

高水准的
礼品·馈赠包装设计

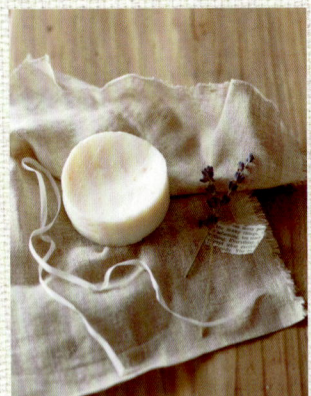

之前介绍的桌面布置方面的创意大家感觉如何？

是不是找到了招待朋友时体现自然而优雅的手段？

这里介绍一些技巧，方便大家在聚会结束时能赠送出包装精美的礼物。

当然，作为客人去参加别人的聚会，想带礼物时也可以参考。

使用干花或人造花，礼物包装更有品位

用人造花代替缎带成为包装的亮点，是又省事又华美的好方法。收集一些小花朵，并根据季节进行搭配就可以了。

创意

将礼品中很受欢迎的手工香皂放入香囊

手工制作的香皂或蜡烛不用包装纸包装，而是用有一定透气性的纱布或亚麻布等天然质地的材料包裹，并用蓝色的小花装饰。这样可以散发出微弱的香气，就和香囊一样。

创意

用途广泛的茶袋可以放自制的花草茶

创意

花篮赠品省去包装步骤

如果是便宜又可爱的篮子，也适合装礼品。这种情况下也不用设计包装，可以用对方的生日花或者喜欢的花做成花篮赠送。

希望能在新鲜的时候泡茶用的茶袋。可以多买一些，然后按一次的量分开包装作为小礼物。甘菊和野玫瑰果可以放在一起做成花草茶，和花茶搭配也很不错。简单进行包装，用干花和缎带进行装饰也不花什么功夫。

创意
如何将自制糕点直接端上桌的技巧

自制的糕点整合在一起构成餐桌上的熟食套装。如果是自己制作的酱，可以搭配买来的面包，对方肯定会很开心。用贝壳纸盒装起来又方便又好看。

加上小张的提示笔记

推荐的食用方法以及搭配的红酒等提示信息可以做成迷你笔记，随赠品奉上。将一张纸折成八等分，中央两格切开。上下打开的方式折叠后就完成了。

附赠技巧
方便的包装用材料

可以写留言用的便签，一定要平时多保存一些。当作是物品的标签来处理，便可形成休闲的风格。

手工制作过程中剩余的布料也很有用。可以直接当包装材料，也可以剪成条当缎带用。

种类丰富的蜡纸。两张重叠使用又是另一种效果。喜欢的款式一定要平常多收集一些。

复古风格的卡片可以自己打印一些，剪下上面的图案，做成标签或者剪贴画使用。

创意
馈赠物品全靠包装

将东西送给附近的育儿圈朋友，想要简单效果好的包装就需要蜡纸。搭配市面上销售的糕点，用纤维草和胶带进行固定就能完成休闲款的包装，效果很好。

门廊是第二客厅，
当然也适合绿植装饰

用于室内装饰的植物，都是哪里来的呢？

可以去花店购买，也可以从朋友那里获取。

但是最好还是自己养。

这里介绍一些在门廊培养绿植的方法，

还可以和小物件搭配进行装饰，

把失去生气的植物放在在阳光充足的地方，让它们恢复活力。

如图所示，F女士（大阪）家里不大的3平方米门廊里营造了一个小花园。白色木板条装饰的墙壁，一下子令空间变了模样，好像是第二客厅一样。里面摆满了绿植，其中大多数是多肉植物，"打理起来比较容易，如果看到还没有的多肉植物，就会不断地买回来。"

实例 1

木板条装饰的墙壁让门廊像一个房间

1 掉下来的叶子只要插上就能活，所以都收集到木质的植物培养器皿里进行栽培。"如果是夏天，一个月就长好多。"2 汤勺里放上多肉植物用的土壤，挤在一起栽培。可以挂在各种地方，非常漂亮和方便。3 铁架子里铺上椰棕，也可以种植多肉植物。"放上不存水的材料就可以。"4 十元店购入的蛋糕模子也可以当种植容器。"用植物性涂料涂装一下，以迎合复古的感觉。"5 鸟笼内放上小型的山地玫瑰，营造颓废的氛围。

庭院风格的复古花园

"即便不是独门独栋,也可以动手营造自然系的花园空间。"F 女士将东京公寓进行了改装,在家中营造出庭院般的复古花园。

1 法式搪瓷货架,一枝苗放在一个缸子里,浇水的时候拿出来。2 不造作的标价牌做装饰,好像蔬菜市场一样的氛围。

室内可以观察到植物情况的门廊花园。1 锈迹斑斑的椅子作为花园家具非常合适。2 在装修的时候装上的古董法式窗户。让人不敢相信这是大都市里的公寓。

闲置的小物件都可以用

A 女士(神奈川县)公寓的阳台上完全被绿色覆盖。原来床板的木板条和爱犬用的狗厕所等,淘汰下来的物品都在阳台上得到了再利用。

1 在阳台的护栏上钉了木板,将之前放手工艺道具的铁架钉在上面。生锈的罐子和搪瓷罐里种植多肉植物。2 搭配了水龙头的花盆里种植狗牙花。"花开的时候真是芳香醇厚。"

适应干燥气候,以少浇水的多肉植物和香草类植物为中心进行布置。1 将马口铁的家畜饲料盒当作花盆,三色堇的花色和背板很协调。2 木箱可竖起来用,把死角也利用到。这是在室内也可应用的手法。

1 老式的缝纫机上加一块板子，前面挂上牌子作为装饰的舞台。2 夏季阳台花园的必备品是浮草的水盆，可以体现出清凉的感觉。3 在架子的角落里，闲置的橘色瓶子重新涂装成马口铁的效果。这样的色调适合搭配多肉植物。4 窗边挂起的蓝色的油灯看起来很特别。"我最喜欢的装饰物就是它了。"

实例 4

要根据房间里看出去的视野进行规划

S女士（埼玉县）当初一眼相中这间公寓，就是因为室内向外看到的视野。"没有竖框的窗户让人从客厅往外看的时候感觉很棒，我很喜欢。"好像和客厅打通一样的阳台，很密地种植了绿植。"喜欢植物茂盛生长的蓬松感觉。"

1 以牛为造型的花园用小插件，插到花盆里，很有趣味性。2 重新涂装的空罐子里种植了多肉植物，也可以吊起来，让空间更有节奏感。3 手工制作的标牌放在花盆的前方。这样在脚边也构成了亮点。4 墙壁上用标牌或展板进行装饰，有效利用有限的空间。架子上摆放装饰物，用绿植作为亮点。这是室内也可以运用的装饰手法。

Chapter

6

令人刮目相看
法国、瑞典
英国、夏威夷、加拿大的
室内绿植

在室内绿植方面，欧美国家比日本要早很多年，在这个领域有很多高手。他们的设计技巧更加大胆。桌子上放上很大的花瓶，或使用花茎很长的花。看一下这些高手的布置手法，能够更深地体会与植物共生的乐趣。适当点缀的手法固然不错，但这里还是让我们来看看将绿植作为室内装饰主角的全新创意。

来自法国的创意

法国在室内装饰和自己动手设计方面是当之无愧的强国。
古董品和华丽的植物搭配毫无造作感，
可以营造出世界上独一无二的空间氛围。

1感觉柔和的木质桌子上放着形状奇特的花器，构成很引人注目的室内一角。2花器和花色一致的搭配方式更显体量感。3很沉静的暖灰色墙壁为背景，衬托着颜色鲜亮的花朵和装饰物。4法国也很流行用鸟的造型作为装饰。野鸟图案的瓷砖与绿植搭配，很有森林的感觉。5 19世纪复古风的半圆窗户为舞台，摆放动物造型和大根的枝条，形成野性的空间。6 在不干扰暖炉上面巨大时钟的情况下用花朵做装饰。枝干比较细长，花艺很显品位。7古董画框散布在墙上，面前是日本也很常用的试管形花器。8 在水盆前操劳的时候抬头就能看到绿植，这是让人心情愉悦的布置。9书架的部件与木框组合，有一种花器装到了画框里的趣味。

来自瑞典的创意

瑞典具备热爱自然的国民性，又因为冬季漫长，室内绿植可谓
是不可或缺的装饰。
以古董物件，造型质朴的物件为花器，
家里到处都是绿植的装饰。

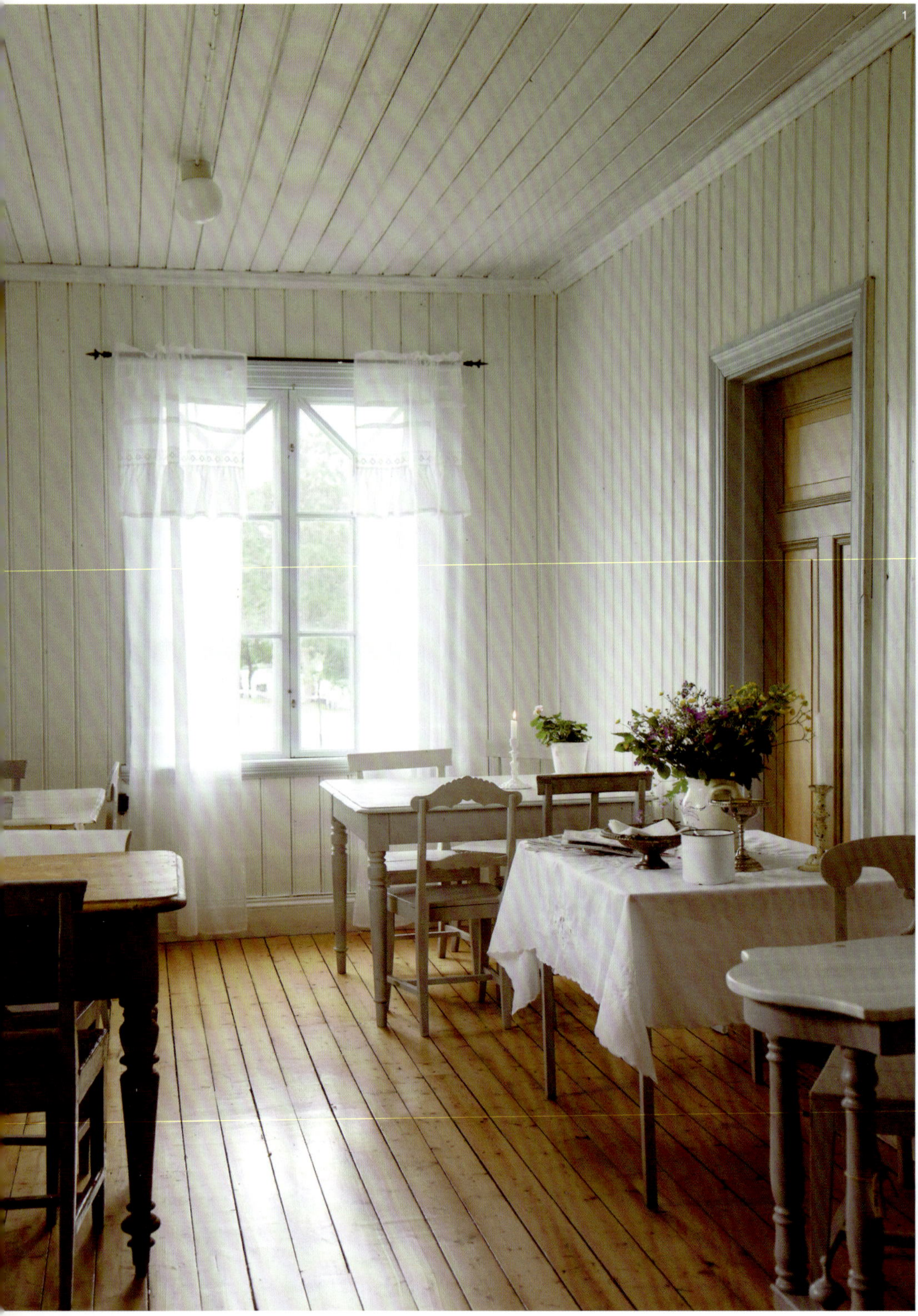

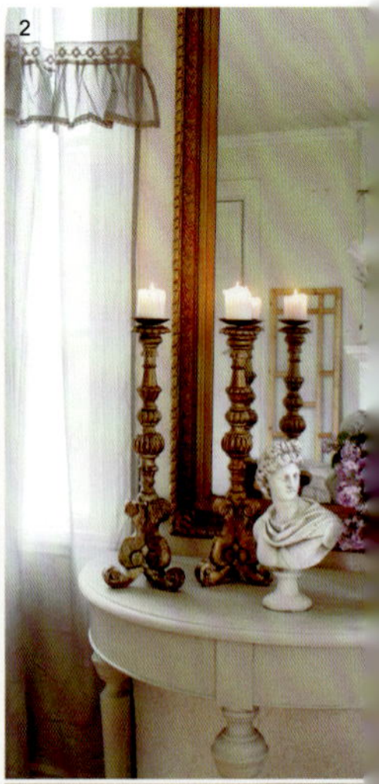

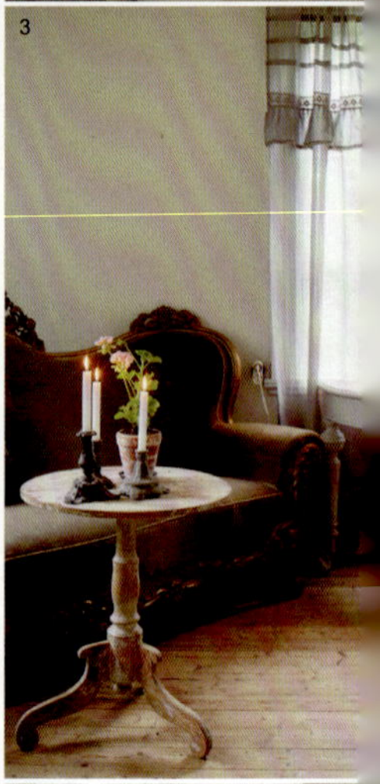

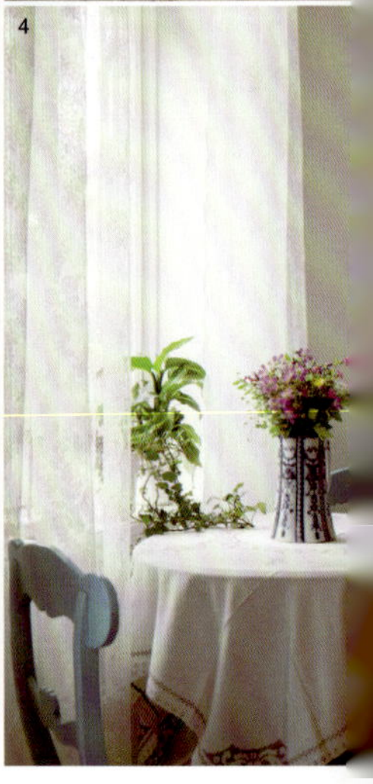

或许是由于宜家的影响力，瑞典的室内设计给人感觉是非常简洁的北欧风格，使用天然材料制作的物品搭配绿植也是很常见的。1桌上放上非常大的花器，感觉好像都没有用餐的空间了似的。2通过镜像效果增加空间感。3蜡烛×绿植的组合在瑞典也是常用的搭配。4椅子重新涂装成古典蓝，椅子和植物都很有存在感。墙上装饰的鸟好像在展翅高飞。5以带小花纹样的墙壁为中心形成左右对称的植物搭配。6鹌鹑蛋装饰了种植密度很高的绿植。7修剪成心形。8以蜡烛为主体的绿植种植，效果非常搭。这里也用到了鹌鹑蛋。9原木墩子当成了小桌子用。10瑞典也很流行带水龙头装饰的花盆架。11冬天比较漫长的瑞典，内窗×植物的组合不可或缺。12沉静的茶色一角点缀紫色小花。13搭配窗外景色，用古董窗框×花器的组合做装饰非常漂亮。

来自英国的创意

在英国具备很强的艺术性，重视个性表达的文化下，室内绿植
对此也有所反映。
即便使用的花器是在日本很常见的，
装饰方法的不同也令装饰效果体现出不凡的品味。

1门的涂漆剥落，露出里面古旧的涂层，和干花的颜色非常搭配。2室内白色的基调用鲜嫩的绿植作为亮点。3素烧的花盆并没有换盆，直接使用。复古的茶器托盘，涂料罐，还有果

酱瓶的盖子用来垫花盆，一下子提升了品位。4容易显得混乱的厨房空间更应该见缝插针地装饰一些绿植。5不能放植物的壁炉上，可以摆放叶子造型的装饰。6深蓝色的药瓶×黄色花

的组合很有新鲜感。7坚果、水果还有盛水的罐子里装饰的花都毫无造作地摆放在桌子上。8欧洲人比较喜欢长茎的植物。修长的造型可以突出空间感。

古老、别致的室内空间用白色 × 绿植的搭配来装饰会显得很清爽。作为亮点的复古杂货以及绿植自然的色彩营造出令人心情舒畅的空间效果。

这是夏威夷的室内设计。热带地区的气候环境，室外种植的花草可以积极地拿到室内来用。1 庭院里的花装饰在窗边。牛奶瓶是以前在农场使用的。2 斗柜重新涂装，体现出古老别致的趣味。花的造型给人优雅的感觉。3 桌上放上很大的花。4 实际上这是儿童用斗柜拿掉柜门后重新涂装的。5 用烟灰色涂装的室内空间，装饰的花也是素色。6 日本人的话，装饰厨房会根据厨房里的行动路线来点缀一些小植物。但是在夏威夷，不吝惜地摆放掉下来一定会摔碎的大型玻璃花器和很高的花，让厨房一下子变出了优雅的感觉。

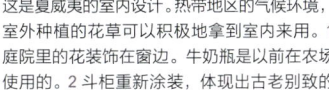

与自然共存的日常生活中，
不问四季，用植物进行装饰
便可一直感受自然的气息。
这并不需要什么规则
只要有灵感就立刻行动！

来自加拿大的创意

1 古董烫衣架的台面成了窗边绿植的一角。放上动物的造型丝毫不显做作，真是精彩。2 大胆将篮子竖起来放，很有新鲜感。在柜子高度够不到顶棚的时候可以尝试这样的手法。3 像扫把一样将树枝扎起来，这在加拿大好像也有驱魔的寓意。4 加拿大的房屋，窗户上经常可以看到的挂饰。和日本不同，比较流行这种非常丰满如同球形花束般的形式。5 蓝色的牛奶罐看起来好像很贵重。6 床的旁边用朴素的花进行装饰，感觉可以睡个好觉。7 还以为是人造的绿植球，结果竟然是真的。据说为了不让野生动物吃掉，家里的绿植有往高处挂的传统。8 镜子上的装饰非常优雅。

人气插花师高津祐子女士的
鲜花和绿植的手工创意

室内装饰杂志《我的乡村》（主妇与生活社）
等杂志上经常出现的高津女士。很多人也都很
憧憬她所主张的与自然融为一体的生活方式，
也有很多人欣赏她的插花创意。这里介绍一点
高津女士的创意。其中基本都是非常简单，可
以立刻拿来用的手法。由此也希望大家能创作
出自己独有的作品。

作者简介

高津**祐子** Kotsu Yuko
在日本奈良县生驹山脚下开了一间咖啡和绿植的
培训教室。本身取得了花卉装饰技师、绿植咨询师
等资格。Instagram 的名称是 n_harmony1128。

果酱罐的迷你花园

材料和道具

准备好有颜色的沸石2种各150克。园艺用的固定砂100克，多肉植物（5-10厘米大）4株，以及自己喜欢的小装饰物。除此之外，如果有尖的容器（将纸卷成锥形也可）、镊子、一次性筷子、长柄的勺子、铝盘子等做起来会更方便。※ 这些材料是以直径10厘米,高22厘米的果酱罐为基准的。

非常可爱的玻璃罐装饰，让人想要作为礼物送给重要的人。但实际制作的时间只要三十分钟。使用这里介绍的技巧，即便是十元店里买的果酱罐也能出很好的效果。

将漂亮的风景封到罐子里。
用自己喜欢的多肉植物进行搭配。

1

罐子底铺上沸石（一半的用量），然后在将另外一种颜色沸石（一半的量）铺在上面。"下层沸石的表面不用弄平整。故意留些凹凸不平才好。"

2

用长柄的勺子或者一次性筷子等从瓶口伸进去整理一下沸石。"这里不需要弄得很平整，只是将沸石的间隙填满。"

3

将多肉植物从花盆里拿出来，去掉土。"不用弄得很干净，根上要留点土。"

4

将上面一层沸石稍微挖个洞，用一次性筷子或者镊子将多肉植物夹到罐子里种上。"这个步骤中，不用去固定多肉植物。"

5

加入第三层的沸石。这时用小勺子加固多肉的根部，让多肉的根部能够固定。加完了再用镊子把叶子根部的多余沸石都拿掉。

6

最后加上固定砂。多肉植物的叶子根部如果进了沙子要取出来。

7

可以加入自己喜欢的小装饰，加的时候注意和多肉植物的平衡。都加完了就可以轻轻地加一些水进去，过一会儿表面的砂就硬了，这样就完成了。

搭配

紫阳花球制作的灯罩

圆滚滚的花球非常可爱，如果里面再来一个 LED 蜡烛灯就能营造出如下图的柔和阴影。"花瓣的颜色不同，整体感觉也会有很大不同，可以多做一些试一试。"

将做成保鲜花的紫阳花贴到气球上。花瓣的颜色若隐若现非常漂亮。

搭配

材料和道具

制作直径 12—13 厘米的壳子 1 个，需要用到气球 1 个、报纸 1 张（剪成 2.5×5 厘米大小的纸片，宣纸也可以）、紫阳花的保鲜花适量（大概一千日元左右的）、LED 蜡烛 1 个。除此之外，准备木工用黏着剂、水（适量）、剪刀、毛刷等。

1
将气球吹到需要的大小。

2
木工用的黏着剂 3 号加入一成水稀释一下，做成浆糊。

3
剪好的报纸沾满步骤 2 制作的浆糊，从气球的顶部开始粘。贴的时候注意报纸相互重叠。

4
报纸翘起的部分用毛刷沾浆糊刷平。气球的吹气口周围流出 4-5 厘米不要贴。

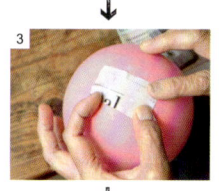

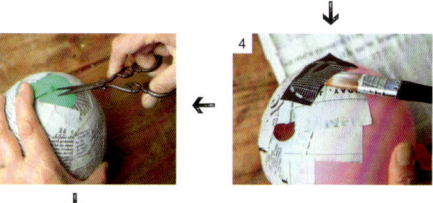

5
报纸都贴好后，等浆糊干。干透后就戳破里面的气球，将气球小心地取出来。

6
开口的部分边缘切出 5 毫米左右的口子，然后边缘向里折。

7
紫阳花直接剪到花萼，留下花瓣。花瓣根部多蘸一些木工用黏着剂的原液，粘到报纸做好的壳子上。

8
花瓣从壳子的顶部开始粘，每一片都和之前一片重叠一半，这样就能贴得很好看。完成后罩在 LED 的蜡烛灯上打开开关就可以了。

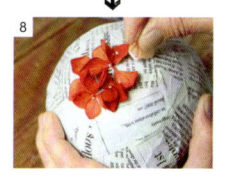

春天气息的缎带花环

材料和工具

干燥的月桂、其他喜欢的干花适量（本次使用的是带绿穗的茅草，白色的鸡米花）、直径 20 厘米的底环、蝴蝶结用缎带（一个蝴蝶结大概需 30 厘米长度）、连接用铁丝（带胶皮的铁丝）数根、黏着剂等。

1

如照片所示，月桂修剪成 7~8 厘米的长度。

2

确定花环的顶部在哪里，然后将蝴蝶结的位置定好。"相对于花环，蝴蝶结竖直放会显得比较丰满。"

3

下方讲了豪华蝴蝶结的做法，做好的蝴蝶结铁丝部分插入花环，然后用黏着剂牢固地固定。

4

技巧是月桂按照八字形来摆放。花枝插到花环里然后用黏着剂固定。

5

月桂插满整个花环后，再整体看一下，调整疏密。如果有空隙都要在这个步骤里调整好。还可以加上自己喜欢的干花，用铁丝固定，再用黏着剂粘一下就完成了。

"缎带用缎子、蝉纱等不同材质组合，更显女性柔美。"

象征光辉未来的月桂搭配春天气息的缎带。
构成迎接清新春天的花环。

制作花环推荐的技巧

豪华缎带的结法

1
确定蝴蝶结飘带的长短，根据自己的喜好来就行。左手（不灵活的那只手）的大拇指捏住拧一圈。

2
大拇指保持步骤 1 的状态捏住，然后将缎带绕过大拇指，向自己一侧绕一圈。

3
右手一直拿着的缎带做上两层的风琴折叠。第二层的两端要比第一层宽出 5 毫米，大一些。

4
蝴蝶结的中央捻到一起，形成褶皱，然后左手大拇指留出的圈里用铁丝穿过。

5
铁丝穿过一半后弯曲，左手拇指和食指牢牢捏住。然后铁丝缠绕蝴蝶结，牢牢将其固定。

6
蝴蝶结的飘带长度可以用剪刀调整一下。距离铁丝 2-3 厘米左右就行。

蜜蜡香料

手工创意充满春天气息的缎带花环 & 蜜蜡香料

"关键就是开始融化蜜蜡之前就应该考虑好上面干花的摆放。"可以使用不同的模子，还可以吊起来做搭配装饰。

如何混合香气都是个人的自由。
蜜蜡香料是我们班上学生最喜欢的东西。

搭配

材料和工具

蜜蜡40克，干玫瑰花和其他自己喜欢的几种干花（这次用的是香茅、甘菊、橘子、接骨木、薰衣草）、精油（这次使用的是薄荷油、茶树油、天竺葵油，一共30滴）装饰用干花适量。使用蒸汽熨斗（电热器的也可以）、耐热的细长锅铲等。※ 这是用牛奶盒子的底来制作的基准。模子也可以用硅胶的古古诺夫型（这次是在百元店购入的）。

1 使用模子来量出蜜蜡。因为成品会缩小，所以一开始的量要比成品多一些才行。

2 用蒸汽熨斗或者电热器等将蜜蜡融化，加入自己喜欢的精油数种，一共大概三十滴。

3 将第二步弄好的蜜蜡直接倒在模子里，加入干玫瑰和其他干花。上面加上装饰用的大朵干花，最后用小花来调整整体的平衡。

4 "加上干燥的羊齿草就有了漂亮的绿色。"蜜蜡凝固得很快，所以手要快些才行。在完全凝固之前要放在平的地方。

5 凝固到不会流动之后就将模子倒过来，检查一下干花是不是会掉下来。如果掉下来了请看第六步。如果没有掉下来就直接跳到第七步。

6 将刚才加热蜜蜡的容器里变硬的蜜蜡重新加热。使用耐热的铲子等刮下来。然后滴到模子里把花粘好。再确认一下有没有花掉下来。

7 蜜蜡完全冷却凝固后，就可以从模子里取出来了。如果是牛奶盒子，直接从角上撕开剥下来就行。如果是古古洛夫的模子，按住中央突起的部分就可以剥下来。

网状迷你花篮

"青苔能够固水，所以很适合用于吊起草本花的装饰。可以尝试各种不同的花草。"手工用网还可以像下面的照片那样弄成靴子形，再用青苔覆盖，大家可以尝试一下。

推荐在春季尝试！
用青苔构建水嫩的小花篮

材料和工具

手工用网（45厘米正方形）、把手用14号铁丝（直径约2毫米）长度按喜好来连接30号铁丝（直径约0.3毫米约1米）、报纸一张、青苔一块（约40×20厘米）、三色堇、二月兰、报春花等的苗三棵、培养土适量。工具方面需要尖头钳子、笔、金属剪子。

1 将手工用网用金属剪子剪成45×25厘米的尺寸。剪好后，长边两端向内侧折进去2厘米。

2 将长边弯曲成半圆形。这时两端2厘米重叠，用30号铁丝像缝衣服一样衔接固定。

3 将第二步制作的顶部和底部的半圆用报纸比着剪下来半圆形。这就是底子的纸型。

4 将第一步剪剩下来的网子比着半圆的纸型，按照大出2厘米的尺寸剪出来。剪出来后纸型还是放在上面，将周边折起来。

5 将第四步做的底子装到刚才第二步卷好的半圆筒上，竖起的周边插到筒里面。这时报纸剪的纸型就垫在下面，防止后面放的土漏下去。

6 使用30号铁丝将底子和筒子重叠的部分像缝布一样连起来。

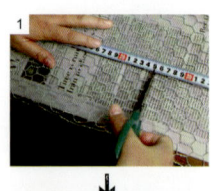

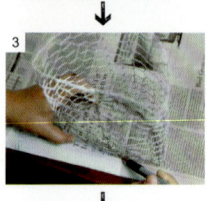

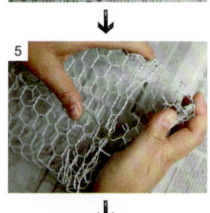

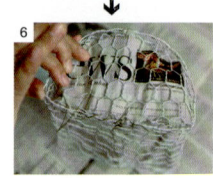

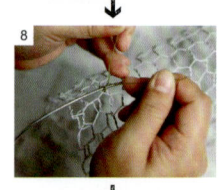

7 把手用14号铁丝，长度根据自己的喜好来定，剪下的长度是成品的长度加10厘米。两端用尖头钳子向内侧弯起5厘米。

8 将第七步做好的把手安到篮子边缘两端。两头勾起的部分勾在网子上。上方用细铁丝固定。

9 取适当大小的青苔铺在篮子里。仅铺侧面。底部可以不铺。青苔铺好后，在里面放培养土，大概到一半的高度。

10 把三色堇的苗从原来的盆子里取出来，稍微把土弄掉种到篮子里。苗与苗之间再加培养土，最后在土表面也铺上青苔就可以了。

秋天果实的礼盒

家里有没有可爱的空箱子在闲置?
可以把"宝贝"都装进去哦。

挂在墙壁上垂下来也可以,像糖果盒一样摆放在桌子上也可以。装满秋天的果实,就可以当做礼物送给朋友。这会让大家充满惊喜。

1 把空盒子倒过来,放到海绵上,然后使劲按压,让海绵切出盒子的形状。

2 将盒子轻轻拿起。然后根据切出的形状用剪刀或者美工刀修出形状。

3 将第二步中做好的海绵放到盒子里。然后用木工用黏着剂的原液沾满果实底部,把果实固定到海绵上。

4 将比较大的果实和其他装饰物放在外侧围一圈,这样整体布局会比较平衡。

5 将缝隙都填满,干花和小果实都沾上黏着剂插进去。

6 往里面放叶子的时候,要预先留出空间。最后再将叶子放进去,这样的步骤会比较方便。

7 所有的材料都配置好后,可以将蝴蝶结贴在盒子外侧。做出两种蝴蝶结,重叠来贴会更好看。

8 根据想要吊起的效果决定挂绳的长度。绳子在盒子上绑一圈,剪下2厘米的缎带,粘上黏着剂。然后再绑到盒子上的绳子正下方及左右,共三个位置贴上,再将绳子固定就完成了。

材料和道具

装饼干或糖果等的空盒子1个、吸水性海绵适量(大小和盒子相同)、喜欢的植物果实和干花适量、中意的缎带和绳子适量、木工用黏着剂、剪刀等。

Chapter

8

推荐初学者尝试
好养的绿植图鉴

这里介绍的绿植外观漂亮，而且对于初学者也
很容易养好的。其中包括室内装饰高手间流行
的盆栽、多肉植物以及最近很受欢迎的仙人掌。
本书中刊登的创意中使用的绿植名称都在本章
汇总，方便大家查询。

室内绿植中不可或缺的观叶植物

观叶植物

🌱

这里介绍的都是在室内很好养的植物，
可以盆栽也可以吊起，也可以高密度种植。
运用叶子鲜嫩的美感，
营造室内绿洲。

叶子多肉，可以储存
很多水分，耐旱性好，
土的表面如果干了，
稍微浇点水就行。推
荐在有直射阳光，半
日阴的地方养。

草胡椒

特征是有光泽的叶子和
粗壮的枝干。最近非常
受欢迎的一种植物。在
冲绳地区，传说老榕树
里住着妖精。喜欢阳光，
推荐放在采光好的地方。

小叶榕

叶子很大很柔和的观叶
植物，在日本很受欢迎。
如果日照太强叶子会蔫
儿。所以放在半日阴的
地方为好。

爱心榕

发财树

可以沿着
铁栅栏爬

常春藤

推荐吊
起来养

比较小的百元店里就有
卖。虽然一定程度耐阴，
但最好还是放在采光好的
地方。

纽扣藤

1厘米大小的椭圆形叶子
长得很满，会不断地分
枝，越长越茂盛。红茶
色的枝茎好像铁丝一样，
日本叫做铁丝草。

小垂榕

卷起的叶子非常可爱，
是垂榕的一个品种。需
要在采光好，通风好的
地方养。不耐寒，所以
冬天要放到室内。

耐受直射阳光及干燥气
候的强韧植物，推荐作
为初学者开始尝试的品
种。光照好的话叶子也
会非常鲜亮。

密集种植的必备品

叶子小而茂密，很受欢迎。因为叶子会完全盖住花盆，不容易观察土壤的情况。需要多注意是否缺水。

天使泪

最近恢复人气的藤蔓类植物

绿萝

可以盆栽也可以水栽，很有画面感。比较好活，适合初学者，最近水栽培方面的植物特别受欢迎，可以说是再次受到关注。

叶子非常小，是金合欢的一种。可以作为家里的象征。早春开花，黄色的小花一蓬一蓬的很好看。

含羞草

光叶白蜡

树木类植物，很符合日式庭院的格调，在日本获得广泛的喜爱。室内栽培的话，需要通风好，光照好。

就是好养活

地锦

五片叶子连在一起不断，长长的藤蔓类植物。虽然耐阴，但还是推荐放在室内有光照的地方，这样比较好养，是很受欢迎的品种。

银色的小叶子，和马口铁制品很搭配。喜欢湿润，如果放在室外需要半阴环境。需要一点点地剪枝。

灰绿冷水花

可以成为主角的存在感

龟背竹

很有光泽，羽毛状带裂缝的叶子。是室内常用的藤蔓类植物。随着生长会从茎上长出很多气生根，这也是此植物的观赏点之一。

以细长而硬质的深绿色叶子为特征的常绿树。推荐放在通风良好，采光良好的地方。土壤可以稍微偏干一点。

橄榄

类似青苹果的香气很受欢迎。可以尝试放在果冻或者冰激凌里。因为繁殖能力特别强，所以经常会一发不可收拾，让其他植物没有生存空间。如果直接种在地里需要注意。

圆叶薄荷

和虾夷葱很相似的紫色花朵非常漂亮。欣赏花朵后，还可以收货大蒜。不过市场上卖的大蒜种出来也不会开花。

大蒜

容易养又能做菜的

香草类植物

初学者也能很容易养活
与装饰物也方便搭配，
除此之外，还能用于烹调各种菜肴的好东西。
先从厨房的角度来看一下这些植物吧。

千日红

是中国花草茶的常用材料。干燥后也不会褪色，所以也适合做成干花。喜欢日照充足的场所。

和红茶的伯爵茶香气类似的香草。喜阳，但太强的阳光也不行，需要注意。

以森林气息的清爽香气为特征。是寿命长的宿根草类植物，很好养。不用怎么打理，放在那里就能活得很好。

迷迭香

香柠檬

薄荷

和圆叶薄荷一样，繁殖能力很强，会让其他植物没有生长空间。需要事先确定好种植的场所才行。

百里香

比较好养活，不挑种
植场所，阳光好的地
方叶子会比较鲜亮，
看起来好看。根生长
得很快，如果花盆不
够大很可能会根涨满。

成片地生长，乍一
看好像樱花草。本
来是多年生草本植
物，因为不耐寒，
冬天容易冻死，所
以一般都当一年生
的草来种。

马鞭草

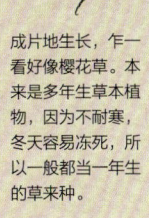

意大利菜、墨西哥菜里会
经常用到的香草类植物。
耐寒很好养活，还具有促
进消化、发汗的作用，是
可以用来减肥的。

披萨草

野草莓

在欧美有带来幸运的寓
意。果实可以做成果酱，
叶子可以做成香草茶，非
常实用。可以在打理庭院
的间隙种一点。

喜阳，但不耐高温和湿
气大的环境，受不了夏
天的热气。建议夏天放
置在通风好的半阴处。

羊耳草

茉莉

阳光好，土偏干一点的
地方来种。照片上是比
较耐热的品种。北海道
富良野比较有名的是
英国薰衣草。

薰衣草

比较常见的一种香草类
植物，香味相同的品种
有的却是有毒的。喜阳，
喜欢土湿一些。

植物图鉴

最好养的植物！一年四季都甜美可爱

多肉植物和仙人掌

🌱

不但长得可爱，而且栽培也很容易。
即便是冬天也是绿油油的，有些品种还能开出漂亮的花朵。
多肉植物的流行已经有很长时间
但最近在日本，仙人掌也很受大家的关注。

青锁龙属
绿塔

样子如其名，叶子好像折纸一般，叠了很多层，构成了发红色的宝塔。虽然个头很小，但冬天的时候那小小的身姿还是很可爱的。

有很漂亮的斑马条纹。叶子比较窄的品种在日本被称作十二之舞。大概直径4—5厘米的小型品种，但群生种植的样子很好看。推荐半阴处栽培。

蛇尾兰属
十二卷属

很有艺术性的形态

千里光属
七宝树

白色带点淡粉色，叶子很厚，呈玫瑰花瓣状展开，造型很有体量感。适合初学者的品种。

一开始叶子会放射状打开，到了初夏就会向卷心菜一样卷成圆形。会经常分枝，长得很快。

莲花掌属
柠檬水

中央一个

石莲花属
白牡丹　别名：白丽

感觉是好几根绿色的香肠长在一起，造型非常独特。为了防止长得细长，要多晒太阳。

带着透明感的青铜色。要想养出这样的颜色就需要放在窗边多晒太阳。因为会不断长出子株，建议要适当分株。

黄金玉露
十二卷属

白绿色的叶子肉肉的，在下面叠出好几层的小型品种。上面的红花就像王冠一样，很是特别。

青锁龙属
红花吕千绘

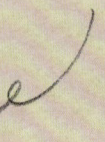

风车草属
胧月　别名：石莲花

看起来像一朵花，但实际非常皮实。可以沿着石墙往下长，最后长成一大片。最近作为健康食品也很受关注。

名称为属名加品种名。

乳突球属
松霞

直径只有 4 厘米，个头也矮的超小型仙人掌。与惹人怜爱的奶油色花朵相比，红色的果实更引人注目。

《星星王子》里出现的面包树

猴面包树属
猴面包树

幼苗的茎很细长，但养一段时间后下面就会变粗。要慢慢养大才行。

这样的变种也是多肉植物！

龙舌兰属
细叶乱雪

偏小型，深绿色线状的叶子很长。引人注目的是卷卷的细长胡子。这形态真的很特别。

观叶植物，是玉树的变种。叶子先端成棒状，卷起来的筒子一样。日本叫做宇宙之木，很受欢迎。

青锁龙属
筒叶花月
别名：吸财树

植物图鉴

最大的特征就是香气。和薄荷类似的甜香很诱人。带块根的造型很有盆栽的稳定感。

延命草属
爱氏延命草

最近突然很受欢迎的迷你仙人掌

裸萼属
绯牡丹

原本是黑紫色的牡丹玉，结果培育出了这种鲜红色的，真是不可思议。黄色的就是黄牡丹。

铁兰属
霸王凤

是比较大型的气生植物。叶子展开很大还带卷，整体形态不散乱。是室内装饰绿植中非常好用的品种。

青锁龙属
火祭

赏玩多肉植物的乐趣之一就是红叶。越是深秋颜色就越是火红，非常漂亮。在密集种植的时候可以用来当亮点。

室内装饰高手的最爱

铁兰属
松萝凤梨
别名：亚历克斯铁兰

银色细长的叶子垂下来，怎么看都很酷炫。有叶子粗的和细的不同品种。推荐在没有直射阳光但比较明亮，有一定湿度的地方来养。

ZAKKA TO GREEN WO KAWAIKU KAZARU IDEA150

Copyright © 2016 SHUFUTOSEIKATSUSHA CO., LTD.

Originally published in Japan in 2016 by SHUFUTOSEIKATSUSHA CO., LTD.

Chinese (in simplified character only) translation rights arranged with SHUFUTOSEIKATSUSHA CO., LTD., Japan.

through CREEK & RIVER Co., Ltd. and CREEK & RIVER SHANGHAI Co., Ltd.

律师声明

侵权举报电话

全国"扫黄打非"工作小组办公室

010-65233456　65212870

http://www.shdf.gov.cn

中国青年出版社

010-50856028

E-mail: editor@cypmedia.com

图书在版编目（CIP）数据

自然生活家：享受花草环绕的诗意住宅／日本主妇与生活社编著；周橙旻译.

— 北京：中国青年出版社，2017.9

ISBN 978-7-5153-4888-9

I.①自… II.①日… ②周… III.①园林植物–室内装饰设计–室内布置

IV.①TU238.25

中国版本图书馆CIP数据核字（2017）第211372号

策划编辑／曾　晟　张丹妮

责任编辑／刘稚清　张　军

封面设计／郭广建

封面制作／邱　宏

自然生活家：享受花草环绕的诗意住宅

日本主妇与生活社／编著　周橙旻／译

出版发行：中国青年出版社

地　　址：北京市东四十二条21号

邮政编码：100708

电　　话：(010) 59521188／59521189

传　　真：(010) 59521111

企　　划：北京中青雄狮数码传媒科技有限公司

印　　刷：北京建宏印刷有限公司

开　　本：787 x 1092　1/16

印　　张：7

版　　次：2017年11月北京第1版

印　　次：2017年11月第1次印刷

书　　号：ISBN 978-7-5153-4888-9

定　　价：59.80元

本书如有印装质量等问题，请与本社联系

电话：(010) 50856188／50856199

读者来信：reader@cypmedia.com

投稿邮箱：author@cypmedia.com

如有其他问题请访问我们的网站：http://www.cypmedia.com